4

Official (ISC)²® Guide to the
CISSP® CBK®
Fourth Edition

監訳：笠原久嗣, CISSP／井上吉隆, CISSP／桑名栄二, CISSP
編：Adam Gordon, CISSP–ISSAP, ISSMP, SSCP

新版 CISSP® CBK® 公式ガイドブック

NTT出版

OFFICIAL (ISC)² GUIDE TO THE CISSP CBK,
FOURTH EDITION

edited by Adam Gordon

Authorised translation from the English language edition published by CRC Press,
a member of the Taylor & Francis Group LLC
Japanese translation published by arrangement with Taylor & Francis Group LLC
through The English Agency (Japan) Ltd.

新版 CISSP® CBK® 公式ガイドブック

全巻目次

【1巻】

- 刊行によせて —— iii
- まえがき —— v
- はじめに —— vii
- 序文 —— xii

第1章 セキュリティとリスクマネジメント 0003

- トピックス —— 0006
- 目標 —— 0007

1.1 機密性, 完全性, 可用性 0008

1.1.1 機密性……0008
1.1.2 完全性……0008
1.1.3 可用性……0009

1.2 セキュリティガバナンス 0010

1.2.1 組織の目的, 使命, 目標……0012
1.2.2 組織プロセス……0014
1.2.3 セキュリティの役割と責任……0016
1.2.4 情報セキュリティ戦略……0028

1.3 完全で効果的なセキュリティプログラム 0030

1.3.1 監督委員会代表……0030
1.3.2 コントロールフレームワーク……0040

1.3.3　妥当な注意……0042
1.3.4　適切な注意……0043

1.4　コンプライアンス　0044

1.4.1　ガバナンス, リスクマネジメント, コンプライアンス……0046
1.4.2　法規制に関するコンプライアンス……0048
1.4.3　プライバシー要件に関するコンプライアンス……0049

1.5　国際的な法規制問題　0052

1.5.1　コンピュータ犯罪／サイバー犯罪……0052
1.5.2　ライセンスと知的財産権……0056
1.5.3　輸出入規制……0059
1.5.4　国境を越えるデータの流通……0063
1.5.5　プライバシー……0064
1.5.6　データ侵害……0066
1.5.7　関連する法規制……0070

1.6　倫理の理解　0073

1.6.1　倫理プログラムの規制要件……0075
1.6.2　コンピュータ倫理のトピックス……0077
1.6.3　コンピュータ倫理の誤信……0078
1.6.4　ハッキングとハクティビズム……0081
1.6.5　倫理行動規定とリソース……0082
1.6.6　(ISC)² 倫理規定……0085
1.6.7　組織の倫理規定の支援……0086

1.7　セキュリティポリシーの策定と実装　0092

1.8　事業継続(BC)と災害復旧(DR)の要件　0094

1.8.1　プロジェクトの開始と管理……0094
1.8.2　プロジェクト範囲と計画の策定と文書化……0096
1.8.3　事業影響度分析の実施……0098
1.8.4　識別と優先順位付け……0098
1.8.5　停止原因の評価……0101
1.8.6　目標復旧時点……0102

1.9 人的セキュリティ管理 0103

1.9.1 採用候補者の適格審査 …… 0104
1.9.2 雇用契約書とポリシー …… 0111
1.9.3 雇用終了プロセス …… 0115
1.9.4 ベンダー，コンサルタント，請負業者のコントロール …… 0116
1.9.5 プライバシー …… 0117

1.10 リスクマネジメントの概念 0118

1.10.1 組織のリスクマネジメントの概念 …… 0121
1.10.2 リスクアセスメントの方法論 …… 0124
1.10.3 脅威と脆弱性の特定 …… 0132
1.10.4 リスクアセスメントとリスク分析 …… 0135
1.10.5 対策の選択 …… 0141
1.10.6 リスク対策の実装 …… 0142
1.10.7 コントロールの種類 …… 0145
1.10.8 アクセス制御の種類 …… 0151
1.10.9 コントロールの評価／モニタリングと測定 …… 0175
1.10.10 有形資産評価および無形資産評価 …… 0190
1.10.11 継続的改善 …… 0193
1.10.12 リスクマネジメントフレームワーク …… 0195

自分でやってみよう ―― 0205

1.11 脅威モデリング 0206

実践 ―― 0208

1.11.1 潜在的な攻撃の見極めと低減分析の決定 …… 0208
1.11.2 脅威を改善するための技術とプロセス …… 0212

1.12 調達戦略と実践 0214

1.12.1 ハードウェア，ソフトウェアおよびサービス …… 0214
1.12.2 第三者ガバナンスの管理 …… 0217
1.12.3 最小限のセキュリティとサービスレベル要件 …… 0219

1.13 セキュリティ教育，トレーニングおよび意識啓発 0222

1.13.1 公式のセキュリティ意識啓発トレーニング……0223
1.13.2 意識啓発活動と方法－組織における意識啓発文化の創造……0226

まとめ　0229

レビュー問題　0234

第2章 資産のセキュリティ　0251

トピックス　0253

目 標　0254

2.1 データ管理：所有権の決定と維持　0255

2.1.1 データポリシー……0255
2.1.2 役割と責任……0257
2.1.3 データ所有権……0258
2.1.4 データ管理……0259
2.1.5 データ品質……0260
2.1.6 データの文書化と構成……0263

2.2 データ標準　0265

2.2.1 データライフサイクルコントロール……0266
2.2.2 データの仕様とモデリング……0266
2.2.3 データベースのメンテナンス……0268
2.2.4 データ監査……0268
2.2.5 データの保存とアーカイブ……0269

2.3 寿命と使用　0271

2.3.1 データセキュリティ……0271
2.3.2 データアクセス，共有および配信……0273
2.3.3 データ公開……0274

2.4 情報の分類と資産の保護　0284

2.5 資産管理(Asset Management) 0288

2.5.1 ソフトウェアライセンス …… 0290
2.5.2 機器ライフサイクル …… 0291

2.6 プライバシーの保護 0292

2.7 適切な保持の確保 0297

2.7.1 媒体, ハードウェアおよび人員 …… 0297
2.7.2 会社「X」データ保持ポリシー …… 0300

自分でやってみよう —— 0304

2.8 データセキュリティコントロールの決定 0305

2.8.1 保存中のデータ …… 0305
2.8.2 転送中のデータ …… 0307
2.8.3 ベースライン …… 0311
2.8.4 スコーピングとテーラリング …… 0315

自分でやってみよう —— 0316

2.9 標準の選択 0317

2.9.1 米国のリソース …… 0317
2.9.2 国際的なリソース …… 0320
2.9.3 国家サイバーセキュリティフレームワークマニュアル …… 0324
2.9.4 重要インフラのサイバーセキュリティを向上させるためのフレームワーク …… 0328

まとめ —— 0331

レビュー問題 —— 0336

第3章 セキュリティエンジニアリング 0345

トピックス 0349

目 標 0351

3.1 セキュリティ設計原則を使用したエンジニアリングライフサイクル 0352

3.2 セキュリティモデルの基本概念 0359

3.2.1 一般的なシステムコンポーネント …… 0359
3.2.2 一緒に動く仕組み …… 0372
3.2.3 エンタープライズセキュリティアーキテクチャー …… 0373
3.2.4 共通アーキテクチャーフレームワーク …… 0380
3.2.5 Zachmanフレームワーク …… 0381
3.2.6 要件の取得と分析 …… 0398
3.2.7 セキュリティアーキテクチャーの作成と文書化 …… 0400

3.3 情報システムのセキュリティ評価モデル 0401

3.3.1 共通の正式なセキュリティモデル …… 0401
3.3.2 製品評価モデル …… 0403
3.3.3 業界および国際的なセキュリティ実装のガイドライン …… 0409

3.4 情報システムのセキュリティ機能 0416

3.4.1 アクセス制御機構 …… 0416
3.4.2 セキュアなメモリー管理 …… 0417

3.5 セキュリティアーキテクチャーの脆弱性 0422

3.5.1 システム …… 0426
3.5.2 技術とプロセスの統合 …… 0429

自分でやってみよう 0437

3.5.3 単一障害点 …… 0438
3.5.4 クライアントベースの脆弱性 …… 0442
3.5.5 サーバーベースの脆弱性 …… 0445

3.6 データベースのセキュリティ 0446

3.6.1 大規模並列データシステム …… 0451
3.6.2 分散システム …… 0456
3.6.3 暗号化システム …… 0462

3.7 ソフトウェアとシステムの脆弱性と脅威 0503

3.7.1 Webベース …… 0503

3.8 モバイルシステムの脆弱性 0507

3.8.1 リモートコンピューティングのリスク …… 0510
3.8.2 モバイルワーカーのリスク …… 0511

3.9 組み込み機器とサイバーフィジカルシステムの脆弱性 0515

3.10 暗号の応用と利用 0524

3.10.1 暗号の歴史 …… 0524
3.10.2 最先端技術 …… 0525
3.10.3 コアとなる情報セキュリティ原則 …… 0527
3.10.4 暗号システムのその他の機能 …… 0528
3.10.5 暗号化ライフサイクル …… 0530
3.10.6 公開鍵基盤 …… 0534
3.10.7 鍵管理プロセス …… 0536

実世界の例：暗号化 ―― 0540

3.10.8 鍵の作成と配布 …… 0544
3.10.9 デジタル署名 …… 0555
3.10.10 デジタル著作権管理 …… 0556
3.10.11 否認防止 …… 0559
3.10.12 ハッシュ化 …… 0560
3.10.13 単純なハッシュ関数 …… 0561
3.10.14 暗号解読攻撃の方法 …… 0565

3.11 サイトおよび施設設計の考慮事項 0571

3.11.1 セキュリティ調査 …… 0572

3.12 サイト計画 0575

3.12.1 車道設計 …… 0577
3.12.2 防犯環境設計 …… 0577
3.12.3 窓 …… 0580

3.13 施設のセキュリティの設計と実装 0586

3.14 施設のセキュリティの実装と運用 0588

3.14.1 通信およびサーバールーム …… 0588
3.14.2 制限された作業区域のセキュリティ …… 0591
3.14.3 データセンターのセキュリティ …… 0593

まとめ 0602

レビュー問題 0613

2巻

▶ 第4章 通信とネットワークセキュリティ 0633

トピックス 0635

目 標 0637

4.1 セキュアなネットワークの基本設計 0638

4.1.1 OSIとTCP/IP …… 0638
4.1.2 IPネットワーク …… 0653
4.1.3 ディレクトリーサービス …… 0662

4.2 マルチレイヤープロトコルが持つ意味 0672

4.3 統合されたプロトコル 0679

4.3.1 実装 …… 0680
4.3.2 VoIP …… 0692
4.3.3 無線 …… 0700
4.3.4 無線セキュリティの問題 …… 0706
4.3.5 通信セキュリティを維持するために使用される暗号化 …… 0710

4.4 ネットワークコンポーネントのセキュリティ保護 0740

4.4.1 ハードウェア …… 0745
4.4.2 伝送媒体 …… 0751
4.4.3 ネットワークアクセス制御デバイス …… 0755
4.4.4 エンドポイントセキュリティ …… 0761
4.4.5 コンテンツ配信ネットワーク …… 0763

4.5 安全な通信チャネル 0764

4.5.1 音声 …… 0764
4.5.2 マルチメディアコラボレーション …… 0767
4.5.3 オープンプロトコル, アプリケーションおよびサービス …… 0770
4.5.4 リモートアクセス …… 0776

4.5.5 データ通信 …… 0786
4.5.6 仮想ネットワーク …… 0816

4.6 ネットワーク攻撃 0831

4.6.1 攻撃手段や攻撃経路としてのネットワーク …… 0831
4.6.2 防衛の要塞としてのネットワーク …… 0832
4.6.3 ネットワークセキュリティの目標と攻撃手法 …… 0834
4.6.4 スキャン技術 …… 0841
4.6.5 セキュリティイベント管理 …… 0848
4.6.6 IPフラグメンテーション攻撃および細工されたパケット …… 0852
4.6.7 サービス拒否攻撃／分散型サービス拒否攻撃 …… 0857
4.6.8 なりすまし …… 0860
4.6.9 セッションハイジャック …… 0864

まとめ ―― 0865

レビュー問題 ―― 0872

第5章 アイデンティティとアクセスの管理 0883

トピックス ―― 0887

目 標 ―― 0888

5.1 資産への物理アクセスと論理アクセス 0889

5.2 人とデバイスの識別と認証 0898

5.2.1 識別，認証および認可 …… 0898

5.3 アイデンティティ管理の実装 0911

5.3.1 パスワード管理 …… 0912
5.3.2 アカウント管理 …… 0914
5.3.3 プロファイル管理 …… 0916
5.3.4 ディレクトリー管理 …… 0917

5.3.5 ディレクトリー技術……0918
5.3.6 1要素認証／多要素認証……0936
5.3.7 説明責任……0950
5.3.8 セッション管理……0953
5.3.9 アイデンティティの登録と証明……0957
5.3.10 資格情報管理システム……0960

5.4 サービスとしてのアイデンティティ 0975

5.5 第三者アイデンティティサービスの統合 0982

5.6 認可メカニズムの実装と管理 0986

5.6.1 ロールベースのアクセス制御……0986
5.6.2 ルールベースのアクセス制御……0989
5.6.3 強制アクセス制御……0989
5.6.4 任意アクセス制御……0990

5.7 アクセス制御攻撃の防止または低減 0992

自分でやってみよう 0999

5.8 アイデンティティとアクセスのプロビジョニングのライフサイクル 1011

5.8.1 プロビジョニング……1012
5.8.2 レビュー……1012
5.8.3 失効……1012

まとめ 1014

レビュー問題 1019

第6章 セキュリティ評価とテスト 1027

トピックス 1029

目標 1030

6.1 評価とテスト戦略 1031

6.1.1 システム設計の一環としてのソフトウェア開発 …… 1032
6.1.2 ログレビュー …… 1034

自分でやってみよう 1044

6.1.3 シンセティックトランザクション …… 1045
6.1.4 コードレビューとテスト …… 1047
6.1.5 ネガティブテスト／誤用ケーステスト …… 1060
6.1.6 インターフェーステスト …… 1062

6.2 セキュリティプロセスデータの収集 1067

6.3 内部監査および第三者監査 1073

6.3.1 SOCレポートオプション …… 1074

まとめ 1081

レビュー問題 1083

【3巻】

第7章 セキュリティ運用 1091

トピックス 1092

目 標 1095

7.1 調査 1096

7.1.1 犯行現場 …… 1097
7.1.2 ポリシー，役割および責任 …… 1101
7.1.3 インシデントハンドリングとレスポンス …… 1103
7.1.4 復旧フェーズ …… 1108
7.1.5 証拠収集と取り扱い …… 1109
7.1.6 報告と文書化 …… 1110
7.1.7 証拠収集と処理 …… 1118
7.1.8 継続的な監視と出口監視 …… 1121
7.1.9 データ漏洩／損失防止 …… 1125

7.2 構成管理によるリソースプロビジョニング 1131

自分でやってみよう 1134

7.3 セキュリティ運用の基本的な概念 1135

7.3.1 主なテーマ …… 1135
7.3.2 特権アカウントの管理 …… 1136
7.3.3 グループとロールを利用したアカウントの管理 …… 1137
7.3.4 職務と責任の分離 …… 1140
7.3.5 特権の監視 …… 1144
7.3.6 ジョブローテーション …… 1145
7.3.7 情報のライフサイクルを管理する …… 1146
7.3.8 サービスレベルアグリーメント(SLA) …… 1148

7.4 リソース保護 1152

7.4.1 有形資産と無形資産……1152
7.4.2 ハードウェア……1153
7.4.3 媒体管理……1154

7.5 インシデントレスポンス 1163

7.5.1 インシデント管理……1164
7.5.2 セキュリティ測定, メトリックス, 報告……1165
7.5.3 セキュリティ技術の管理……1166
7.5.4 検出……1166
7.5.5 対応……1170
7.5.6 報告……1171
7.5.7 復旧……1171
7.5.8 改善とレビュー(教訓)……1172

7.6 攻撃に対する予防措置 1174

7.6.1 不正な開示……1175
7.6.2 ネットワーク侵入検知システムのアーキテクチャー……1176
7.6.3 ホワイトリスト, ブラックリスト, グレーリスト……1185
7.6.4 サードパーティのセキュリティサービス, サンドボックス, マルウェア対策, ハニーポット, ハニーネット……1186

7.7 パッチ管理と脆弱性管理 1192

7.7.1 セキュリティとパッチの情報源……1194

7.8 変更管理と構成管理 1201

7.8.1 構成管理……1203
7.8.2 復旧サイトの戦略……1208
7.8.3 複数の業務拠点……1213
7.8.4 システムのレジリエンスとフォールトトレランスの要件……1213

7.9 災害復旧プロセス 1223

7.9.1 計画の文書化……1224
7.9.2 レスポンス……1226
7.9.3 人員……1230
7.9.4 コミュニケーション……1231
7.9.5 評価……1233

7.9.6 復元……1233
7.9.7 訓練の計画……1234
7.9.8 計画の演習, 評価, 維持……1235

7.10 テスト計画のレビュー 1238

7.10.1 机上演習／構造的なウォークスルーテスト……1239
7.10.2 ウォークスルードリル／シミュレーションテスト……1239
7.10.3 機能ごとのドリル／パラレルテスト……1240
7.10.4 完全停止／全体テスト……1241
7.10.5 計画の更新と保守……1241

7.11 事業継続とその他のリスク領域 1246

7.11.1 境界セキュリティの実装と運用……1247

7.12 アクセス制御 1259

7.12.1 カードの種類……1261
7.12.2 CCTV……1263
7.12.3 内部のセキュリティ……1277
7.12.4 建物と内部のセキュリティ……1283

7.13 人員の安全 1298

7.13.1 プライバシー……1298
7.13.2 出張……1299
7.13.3 脅迫……1302

まとめ 1304

レビュー問題 1306

第8章 ソフトウェア開発のセキュリティ 1321

トピックス 1323

目標 1324

8.1 ソフトウェア開発セキュリティの概要 1325

8.1.1 開発ライフサイクル……1327
8.1.2 成熟度モデル……1333
8.1.3 運用と保守……1336
8.1.4 変更管理……1336

自分でやってみよう 1338

8.1.5 統合プロダクトチーム(例：DevOps)……1338

8.2 環境とセキュリティのコントロール 1340

8.2.1 ソフトウェア開発手法……1340
8.2.2 データベースとデータウェアハウス環境……1345
8.2.3 データベースの脆弱性と脅威……1363
8.2.4 DBMSコントロール……1366
8.2.5 ナレッジ管理……1372
8.2.6 Webアプリケーション環境……1374

8.3 ソフトウェア環境のセキュリティ 1377

8.3.1 アプリケーションの開発とプログラミングの概念……1377
8.3.2 ソフトウェア環境……1381
8.3.3 ライブラリーとツールセット……1396
8.3.4 ソースコードのセキュリティ問題……1401
8.3.5 悪意あるソフトウェア(マルウェア)……1410
8.3.6 マルウェア対策……1425

8.4 ソフトウェア保護メカニズム 1433

8.4.1 セキュリティカーネル，参照モニターおよびTCB……1433
8.4.2 構成管理……1455
8.4.3 コードリポジトリーのセキュリティ……1457
8.4.4 APIのセキュリティ……1464

8.5 ソフトウェアセキュリティの有効性の評価 1469

8.5.1 認証と認定……1469
8.5.2 変更の監査とロギング……1471
8.5.3 リスク分析と低減……1474

4巻

付録A　章末レビュー問題の解答　1507

付録B　第1章　資料　1595

付録C　第2章　資料　1607

付録D　第3章　資料　1627

付録E　第4章　資料　1631

付録F　第5章　資料　1637

付録G　第6章　資料　1643

付録H　第7章　資料　1649

付録I　第8章　資料　1659

付録J　和文索引　1667

付録K　欧文索引　1685

編者紹介……1694

監訳者紹介／翻訳者紹介……1696

新版

CISSP® CBK® 公式ガイドブック

【4巻】

▶凡例

※原著の本文中で太字になっている文字列は本書でも太字で表記した．

※原著はオールカラーで印刷されている．カラー印刷を前提とした表現は，読者の利便性を踏まえ，翻訳者の判断で適宜変更を加えた．また，明らかに原著の誤植であると思われる部分については，翻訳者の判断で適宜修正した．なお，原著には技術的に誤っていると思われる記述もあったが，翻訳本であることから，原則として原文に忠実に訳した．

※本文中に出てくる原注には★マークを付け，適宜加えた訳注には☆マークを付けて区別した．原注，訳注の本文はいずれも，章末にまとめて掲載した．

※本書に記載されたURLは，原則として，原著が発行された2015年4月時点のものである．その後，URLが変更され，リンクが切れているものは，適宜《リンク切れ》と記した．

※本書に掲載されたすべての会社名，商品名，ブランド名等は，各社の商標または登録商標である．一部を除き，©，®，™の記載は省略した．

※原著に掲載されている付録J「用語集」は，原権利者との協議の結果，割愛した．

付録A　章末レビュー問題の解答

第1章　セキュリティとリスクマネジメント

1. ITセキュリティの分野において，リスクを最もよく定義している組み合わせは次のうちどれか．
   A. 侵害と脅威
   B. 脆弱性と脅威
   C. 攻撃と脆弱性
   D. セキュリティ違反と脅威

答え：**B**

▶脆弱性は，対策が講じられていないか，対策が不十分なものである．脅威は，脆弱性の悪用に関連する潜在的な危険性である．具体的には，誰か，もしくは何かが，個別の脆弱性を特定し，それを企業や個人に対して悪用することである．リスクとは，脅威となる攻撃者が脆弱性を悪用する可能性と，それが事業に与える影響のことである．

2. 無形資産の価値を決定する際の**最良の**アプローチはどれか．
   A. 物理的なストレージコストを決定し，企業の予想寿命をかける
   B. 財務または会計の専門家の助けを借りて，資産がどれだけ利益を返すかを決定する
   C. 過去3年間の無形固定資産の減価償却費をレビューする
   D. 無形資産の過去の取得費または開発費を使用する

答え：**B**

▶無形資産の価値を決定するのは難しい．無形資産の価値を判断するにはいくつかの方法があるが，最良のアプローチは，財務または会計の専門家の支援を得て，資産が組織に与える影響を判断することである．

3. 定性的リスクアセスメントを特徴づけているのは次のうちどれか.

A. 容易に実施することができ，リスクアセスメントプロセスの理解が浅い人員でも完了することができる

B. リスクアセスメントプロセスの理解が浅い人員でも完了することができ，リスクの計算に詳細なメトリックスを使用する

C. リスクの計算に詳細なメトリックスを使用し，容易に実施することができる

D. リスクアセスメントプロセスの理解が浅い人員でも，リスク計算に詳細なメトリックスを使用して完了することができる

答え：A

▶定性的リスクアセスメントは，「高，中，低」などの階層化されたリスクを使用するリスクアセスメントの一種である．この単純化されたアプローチにより，リスクアセスメントに精通していない人々でもリスクアセスメントを実行することができる．定量的アセスメントほど具体的ではないが，実施する意味はある．

4. 単一損失予測(SLE)は次のどれを使用して計算されるか.

A. 資産価値と年間発生頻度(ARO)

B. 資産価値，現地年間頻度推定値(LAFE)，および標準年間頻度推定値(SAFE)

C. 資産価値と暴露係数

D. 現地年間頻度推定値と年間発生頻度

答え：C

▶SLEを計算するための公式は，SLE＝資産価値($)×暴露係数(脅威の悪用が成功したことによる損失の割合，%)である．

5. どのような種類のリスクアセスメントを実施するかを決定する際に検討すべき項目をすべて挙げたものはどれか.

A. 組織の文化，暴露の可能性と予算

B. 予算，リソースの能力および暴露の可能性

C. リソースの能力，暴露の可能性および予算

D. 組織の文化，予算，能力およびリソース

答え：D

▶組織は，組織の文化，人員の能力，予算，タイムラインに最も適したリスクアセスメント手法，ツール，およびリソース(人を含む)を選択することが期待される．

6.　セキュリティ意識啓発トレーニングに含まれるものは次のうちどれか．

A.　制定されたセキュリティコンプライアンス目標

B.　スタッフのセキュリティの役割と責任

C.　脆弱性評価の上位レベルの結果

D.　特別なカリキュラムの割り当て，学習課題，および認定された機関

答え：**B**

▶セキュリティ意識啓発トレーニングは，情報セキュリティ要件の遵守において，組織が従業員に役割とその役割を取り巻く期待について知らせる方法である．さらに，トレーニングでは通常，特定のセキュリティまたはリスクマネジメント機能のパフォーマンスに関するガイダンスを提供するとともに，セキュリティおよびリスクマネジメント機能に関する情報も提供する．

7.　コミュニティや社会の規範に影響を及ぼす，資産の責任ある保護の最低限かつ慣例的な行動は次のうちどれか．

A.　適切な注意（Due Diligence）

B.　リスク低減

C.　資産保護

D.　妥当な注意（Due Care）

答え：**D**

▶適切な注意とは，会社が直面するリスクを調査し，理解する行為である．企業は，セキュリティポリシー，プロシージャー，スタンダードを策定することにより，妥当な注意を実現する．妥当な注意とは，企業が，企業内で行われる活動に対して責任を負い，企業，そのリソース，従業員をリスクから保護するために必要な措置をとったことを示している．したがって，現実の脅威とリスクを理解することが適切な注意であり，その脅威から保護するための対策を導入することが妥当な注意である．企業が資産の安全を保障するために妥当な注意と適切な注意を実施していない場合，実施していないことについて法的な責任を負い，実施しなかったことによる損失に説明責任を負う可能性がある．

8.　効果的なセキュリティマネジメントとは次のうちどれか．

A.　最低コストでセキュリティを実現する

B.　リスクを受容水準まで低減する

C.　新製品のセキュリティを優先する

D.　タイムリーにパッチをインストールする

答え：**B**

▶組織には，受容された残存リスクが常に存在する．効果的なセキュリティ

マネジメントとは，組織のリスク耐性力またはリスクプロファイルに適合するレベルまで，このリスクを最小化することである．

9. 可用性は，以下のどれから保護することによって，情報へのアクセスを可能にすることか．

A. サービス拒否攻撃，火災，洪水，ハリケーン，不正取引
B. 火災，洪水，ハリケーン，不正取引，読み取り不能なバックアップテープ
C. 不正取引，火災，洪水，ハリケーン，読み取り不能なバックアップテープ
D. サービス拒否攻撃，火災，洪水，ハリケーン，読み取り不能なバックアップテープ

答え：D

▶可用性は，情報が利用可能であり，必要に応じてユーザーがアクセスできるという原則である．システムの可用性に影響を及ぼす2つの主な領域は，①サービス拒否攻撃，②災害によるサービス喪失（人為的または自然的な可能性がある）である．

10. 事業継続計画，災害復旧計画を最も正しく定義した語句は，次のうちどれか．

A. 災害を防止するための一連の計画
B. 災害に対応するための承認済みの準備と十分な手順
C. 管理者の承認なしに災害に対応するための一連の準備と手順
D. すべての組織機能を継続するための適切な準備と手順

答え：D

▶事業継続計画（Business Continuity Planning：BCP）および災害復旧計画（Disaster Recovery Planning：DRP）は，通常の事業運営に重大な機能停止が生じた場合に，事業の保全を確実にするために必要な準備，プロセス，実践に関するものである．

11. 事業影響度分析（BIA）で最初に実行する必要があるステップは次のうちどれか．

A. 組織内のすべての事業部門を特定する
B. 破壊的なイベントの影響を評価する
C. 復旧時間目標（RTO）を見積もる
D. ビジネス機能の重要性を評価する

答え：A

▶BIAプロセスサイクルの4つのステップは次のとおりである．

1. 情報を収集する

2. 脆弱性評価を実施する
3. 情報を分析する
4. 結果を文書化し，推奨事項を提示する

BIAの最初のステップは，受け入れ可能なレベルの業務を継続するために，どの事業部門が不可欠であるかを特定することである.

12. 戦術的セキュリティ計画が**最も**利用されるのは次のうちどれか.
    A. 高度なセキュリティポリシーの確立
    B. 企業全体のセキュリティマネジメントの有効化
    C. 停止時間の削減
    D. 新しいセキュリティ技術の導入

答え：**D**

▶戦術的計画は，指定された目標を支援し達成するための広範なイニシアチブを提供する．これらのイニシアチブには，コンピュータ制御ポリシーの開発と配布プロセスの確立，サーバー環境の堅牢な変更管理の実装，脆弱性管理を使用したサーバー上の脆弱性の低減，「ホットサイト」災害復旧プログラムの実装，アイデンティティ管理ソリューションの実装などの展開を含む．これらの計画はより具体的であり，その対応を完了するための複数のプロジェクトで構成されている．戦術的計画は，会社の具体的なセキュリティ目標を達成するために，6〜18カ月など期間を短く設定する.

13. 情報セキュリティの実装に責任を負う者は誰か.
    A. 全員
    B. 経営幹部
    C. セキュリティ責任者
    D. データオーナー

答え：**C**

▶セキュリティ責任者は，開発の各フェーズ（分析，設計，開発，テスト，実装，実装後）でプロジェクトのコストを考慮してセキュリティを確保するために，アプリケーション開発マネージャーと協力しなければならない．独立性の観点から，これを最も有効に機能させるためには，セキュリティ責任者はアプリケーション開発部門の配下になるべきではない.

14. セキュリティは，どのフェーズで対処すると，最も費用がかかる可能性が高いか.
    A. 設計
    B. ラピッドプロトタイピング

C. テスト

D. 実装

答え：D

▶セキュリティは，アプリケーション実装時または実装後に思いつきで追加する場合に比べ，設計時に組み込む場合の方がずっと安価である．

15. 情報システム監査人が組織を支援するものは次のうちどれか．

A. コンプライアンスの問題を緩和する

B. 有効なコントロール環境を確立する

C. コントロールギャップを特定する

D. 財務諸表の情報技術対応

答え：C

▶監査人は，情報セキュリティの維持と改善に不可欠な役割を果たし，コントロールの設計，有効性，および実装について，独立した見解を提供する．監査の結果として，問題を解決し，リスクを低減するための管理対応と是正措置計画を求める指摘事項を作成する．

16. ファシリテイテッドリスク分析プロセス（FRAP）が基本的な前提としているものは次のうちどれか．

A. 幅広いリスクアセスメントは，システム，事業セグメント，アプリケーションまたはプロセスにおけるリスクを決定する最も効率的な方法である

B. 狭いリスクアセスメントは，システム，事業セグメント，アプリケーションまたはプロセスにおけるリスクを決定する最も効率的な方法である

C. 狭いリスクアセスメントは，システム，事業セグメント，アプリケーションまたはプロセスにおけるリスクを決定する最も効率的な方法ではない

D. 幅広いリスクアセスメントは，システム，事業セグメント，アプリケーションまたはプロセスにおけるリスクを決定する最も効率的な方法ではない

答え：B

▶ファシリテイテッドリスク分析プロセス（FRAP）は，狭いリスクアセスメントが，システム，事業セグメント，アプリケーションまたはプロセスにおけるリスクを決定する最も効率的な方法であるということが基本的な前提である．このプロセスにより，組織は，アプリケーション，システムまたはその他の対象を事前選別して，リスク分析が必要かどうかを判断することができる．独自の事前選別プロセスを確立することにより，組織は，正式なリスク分析が本当に必要な課題に集中することができる．このプロセスは資本支出が少なく，優れたファシリテーションスキルを持つ人であれば，誰でも

行うことができる.

17. セキュリティの役割を明確に設定することの利点は次のうちどれか.

A. 個人の説明責任を確立し, クロストレーニングの必要性を低減し, 部門間の争いを低減する

B. 継続的な改善を可能にし, クロストレーニングの必要性を低減し, 部門間の争いを低減する

C. 個人の説明責任を確立し, 継続的な改善を確立し, 部門間の争いを低減する

D. 部門間の争いを低減し, クロストレーニングの必要性を低減し, 個人の説明責任を確立する

答え：C

▶明確で具体的なセキュリティの役割を確立することは, 役割により果たされる責任と誰が責任を果たすべきなのかの情報を提供する以外にも, 組織にとって多くの利点がある.

18. よく練られたセキュリティプログラムポリシーは, いつレビューするのが**最も**よいか.

A. 少なくとも年1回または事前に決められた組織変更の前

B. 主要なプロジェクトの実施後

C. アプリケーションまたはオペレーティングシステムが更新された時

D. プロシージャーを変更する必要がある時

答え：A

▶ポリシーは少なくとも年に1回はレビューされ, 承認されなければならないが, 2, 3年は使われるべきである.

19. 組織がリスクアセスメントを実施して評価するものは次のうちどれか.

A. 資産への脅威, 環境に存在しない脆弱性, 暴露を利用して脅威が実現する可能性, 実現された暴露が組織に及ぼす影響, 残存リスク

B. 資産への脅威, 環境に存在する脆弱性, 暴露を利用して脅威が実現する可能性, 実現された暴露がほかの組織に及ぼす影響, 残存リスク

C. 資産への脅威, 環境に存在する脆弱性, 暴露を利用して脅威が実現する可能性, 実現された暴露が組織に及ぼす影響, 残存リスク

D. 資産への脅威, 環境に存在する脆弱性, 暴露を利用して脅威が実現する可能性, 実現された暴露が組織に及ぼす影響, トータルリスク

答え：C

▶組織はリスクアセスメント（リスク分析という用語は, リスクアセスメントと入れ

替わることがある）を実施し，以下を評価する．

- 資産への脅威
- 環境に存在する脆弱性
- 脆弱性の暴露を利用して，脅威が実現される可能性（定量的アセスメントの場合は確率と頻度）
- その暴露が組織に及ぼす影響
- 脅威が暴露を悪用する可能性を低減させる対策または組織への影響を低減させる対策
- 残存リスク（例えば，適切なコントロールが適用されて，脆弱性を低減または除去した時に残されるリスクの量）

組織は，証拠書類と呼ばれる成果物として，対策の証拠を文書化することを望む場合もあり，いくつかのフレームワークではこれを「エビデンス」と呼んでいる．証拠書類は，組織の監査証跡を提供するために使用でき，同様に，組織の現在のリスク状態に疑問を抱くおそれのある内部監査人や外部監査人に対するエビデンスとしても使用できる．なぜそのような努力を払うのか？　組織内ではどのような資産が重要なのか，どれが最もリスクにさらされているのかを知らなければ，組織はその資産を適切に保護することができない．

20. 時間が経過しても意味があり，有用なセキュリティポリシーに含まれるものは次のうちどれか．

A. 「すべきである」「しなければならない」「したほうがよい」といった指示語，技術仕様，短文

B. 定義されたポリシー策定プロセス，短文，「すべきである」「しなければならない」「したほうがよい」といった指示語

C. 短文，技術仕様，「すべきである」「しなければならない」「したほうがよい」といった指示語

D. 「すべきである」「しなければならない」「したほうがよい」といった指示語，定義されたポリシー策定プロセス，短文

答え：D

▶技術的な実装の詳細がポリシーに含まれるべきではない．ポリシーは技術に依存しない記述が必要である．組織のリスクプロファイルが変更され，新しい脆弱性が発見されると，技術的なコントロールは時間とともに変化する可能性がある．

21. 財務部門の担当者が，1人でベンダーをベンダーデータベースに追加し，その後ベンダーに支払いができてしまうという権限は，どのような概念に違反するか．

A. 適切なトランザクション

B. 職務の分離

C. 最小特権

D. データ機密性レベル

答え：B

▶ 職務の分離は，2人以上の当事者間の共謀がなければ，詐欺またはその他の望ましくない行動が起こらないことを確実にする．この例では，個人がベンダーとして自分自身を追加したあとに，自分自身に支払うことができてしまう．

22. 共謀のリスクを最も低減するのはどれか．

A. ジョブローテーション

B. データ分類

C. 職務の機密性レベルの定義

D. 最小特権

答え：A

▶ 共謀は，複数の当事者が共謀して組織に有害な行為を行うことである．ジョブローテーションを行うことで，組織に害を与えるような行動をとるために共謀しないといけない人の数が増加し，共謀はより困難になる．

23. データアクセスを決定するのに最も適切な人は誰か．

A. ユーザーマネージャー

B. データオーナー

C. 経営幹部

D. アプリケーション開発者

答え：B

▶ データオーナーは最終的に情報に対する責任を負うため，アクセスの決定を判定する必要がある．

24. 組織が事業継続計画や災害復旧計画で対処すべき範囲を**最も**正しく記述しているステートメントはどれか．

A. 継続計画は重要な組織上の問題であり，会社のすべての部分または機能を含める必要がある．

B. 継続計画は重要な技術課題であり，技術の復旧を最優先事項とする必要がある．

C. 継続計画は，音声とデータの通信が複雑な場合にのみ必要である．

D. 継続計画は重要な経営課題であり，経営陣が定めた主要な機能を含めるべきである．

答え：A

▶事業継続計画および災害復旧計画には，重大な機能停止が発生した際，大規模なシステムおよびネットワークの機能停止の影響から重大なビジネスプロセスを保護し，ビジネス運営のタイムリーな復旧を確実にするために必要となる賢明なプロセスと具体的なアクションの特定，選択，実装，テスト，更新が含まれる．

25. 事業影響度分析によって特定するものとして，**最も**適切なものは次のうちどれか．

A. 組織の運営に対する脅威の影響

B. 組織に対する損失の暴露係数

C. 組織におけるリスクの影響

D. 脅威を排除する費用対効果の高い対策

答え：B

▶事業影響度分析は，会社にとって，何を復旧させる必要があり，どの程度迅速に復旧させる必要があるかを決定するために役立つ．

26. 計画策定におけるリスク分析フェーズにおいて，**最も**脅威を管理し，イベントの影響を低減できるアクションは次のうちどれか．

A. 演習シナリオの変更

B. 復旧手順の作成

C. 特定個人への依存度の増加

D. 手続き的コントロールの実装

答え：D

▶リスクの第3の要素は低減要因である．低減要因は，脅威の影響を低減するためにプランナーが実施するコントロールまたは保護手段である．

27. コントロールや保護手段を追加実施する**最大の**理由はどれか．

A. リスクを抑止または除去する

B. 脅威を特定し，除去する

C. 脅威の影響を低減する

D. リスクと脅威を特定する

答え：C

▶災害を予防することは，災害から復旧させようとすることよりも常に勝る．可能性の高いリスクが組織のビジネス能力に影響を及ぼさないように，プランナーがコントロールを推奨することができれば，プランナーが復旧させなければならないイベントは少なくなる．

28. 組織影響度分析の**最適な**記述は次のうちどれか．

A. リスク分析と組織影響度分析は，同じプロジェクトの取り組みを説明する2つの異なる用語である．

B. 組織影響度分析は，組織に対する中断の可能性を計算する．

C. 組織影響度分析は，事業継続計画の策定に不可欠である．

D. 組織影響度分析は，組織に対する中断の影響を定める．

答え：D

▶すべてのビジネス機能とそれをサポートする技術は，復旧優先度に基づいて分類する必要がある．ビジネス運営の復旧期間は，その機能が実行されない場合の影響によって決められる．影響とは，ダウン期間中のビジネス損失，契約を履行できず罰金または訴訟を起こされること，顧客の信用を失うこと，などである．

29.「災害復旧」とは，何を復旧させることか．

A. 組織運営

B. 技術環境

C. 製造環境

D. 人的環境

答え：B

▶コンピュータがビジネス環境の一部になるに従い，コンピュータが故障した場合に手作業のプロセスに戻れないことが明らかになった．これらのコンピュータシステムが故障した場合に，作業を行う人の数は不十分で，手動で対応する能力もすでになくなっていた．これが災害復旧産業の始まりであった．今日でも，「災害復旧」または「DR」という用語は，通常，技術環境の復旧を意味する．

30. 災害による中断の結果を見極める取り組みを，**最も**適切に記述しているものはどれか．

A. 事業影響度分析

B. リスク分析

C. リスクアセスメント

D. プロジェクト問題定義

答え：A

▶事業影響度分析は，会社にとって，何を復旧させる必要があり，どの程度迅速に復旧させる必要があるかを決定するために役立つ.

31. リスクの要素は次のうちどれか.

A. 自然災害および人為的災害

B. 脅威，資産，低減コントロール

C. リスクと事業影響度分析

D. 事業影響度分析と低減コントロール

答え：B

▶リスクには，脅威，資産，低減要因という3つの要素がある.

32. 事業継続計画の演習として好ましくないものは次のうちどれか.

A. 机上演習

B. 呼び出し演習

C. シミュレーション演習

D. 実稼働アプリケーションまたは機能の停止

答え：D

▶シミュレーション演習と実際の演習の唯一の違いは，テストの第一のルールとして，プランナーがテストのために災害を作り出さないことである. プランナーは，テストの対象がビジネス環境か技術環境かに関わらず，実稼働環境に影響を与えないためにあらゆる努力をしなければならない.

33. 十分に計画された事業継続演習における，最も望ましい結果は次のうちどれか.

A. 計画の長所と短所を特定する

B. 経営の要件を満たす

C. 監査人の要求事項を遵守する

D. 株主の信頼を維持する

答え：A

▶プランナーが実施する毎回の演習のあと，演習結果を公表し，演習によって明らかにされた問題に対処するためのアクション項目を特定する必要がある. アクション項目は，解決されるまで追跡され，必要に応じて計画が更新される. 誰かが計画を更新しなかったというだけの理由で，その後のテストで組織が同じ問題を抱えていたとすれば，それは非常に嘆かわしいことである.

34. 事業継続計画を更新し，維持するのに最適な時期はどれか.

A. 毎年あるいは監査人から要請された時

B. 新しいバージョンのソフトウェアが導入された時のみ

C. 新しいハードウェアが導入された時のみ

D. 構成管理および変更管理プロセス中

答え：D

▶計画文書および関連するすべてのプロシージャーは，各演習のあとや，実稼働環境，IT環境，あるいはビジネス環境に何らかの変更が発生したあとに更新する必要がある．

35. 事業継続を成功させる上で**最も**重要なものは，次のうちどれか．

A. 上級リーダーシップの支援

B. 強力な技術サポートスタッフ

C. 広範囲の広域ネットワークインフラストラクチャー

D. 統合されたインシデントレスポンスチーム

答え：A

▶上級リーダーシップの支援がなければ，事業継続プログラムが成功することはない．

36. サービスの目標復旧時点（RPO）はゼロである．**最も**要件を満たすことのできるアプローチはどれか．

A. 代替ホットサイトとRAID 6

B. 代替ウォームサイトとRAID 0

C. 代替コールドサイトとRAID 0

D. 互恵協定とRAID 6

答え：A

▶RAID 6は非常に冗長性の高いストレージ状況を提供し，ホットサイトはプライマリーサイトに障害が発生した場合にフェールオーバーできるようになる．

37. (ISC)²の倫理規定は，以下のどれによって規律間の矛盾を解決しているか．

A. 規律の間に矛盾が起こることは決してない

B. 裁定を通じて解決する

C. 規律の順番

D. 取締役会を通じてすべての規律の矛盾を審査する

答え：C

▶不一致は，規律の順番を通じて解決される．

1. セキュリティインシデントが発生した場合，運用スタッフの主な目的の1つはどれか．

 A. 攻撃者を検出し，攻撃を中断する．

 B. 組織のミッションの中断を最小限にする．

 C. イベントに関する適切な文書を，証拠の連鎖として維持する．

 D. 影響を受けるシステムは，影響を制限するために直ちに遮断する．

答え：B

▶運用スタッフは攻撃を検出することや，場合によっては攻撃者も検出することができるが，運用スタッフが攻撃を中断することはほとんどできない．

運用スタッフがセキュリティインシデントの処理で対応する際にとられるすべてのアクションは，確立されたプロトコルに従い，文書化されなければならないが，これは運用スタッフの第一の目的ではない．影響を受けたシステムは，必要なデータまたは裁判所で認められる証拠が収集されたあとにのみ，シャットダウンすべきである．最良の選択肢は，運用スタッフが運用におけるレジリエンスを維持することである．

2. 優れたデータ管理手法には，次の項目を含む．

 A. データ管理プロセスの全段階でのデータ品質手順，データの正確性の検証と妥当性確認，合意されたデータ管理手法の遵守，管理手法の有効性と既存データの整合性の評価のための継続的なデータ監査

 B. データ管理プロセスのいくつかの段階でのデータ品質手順，データの正確性の検証と妥当性確認，合意されたデータ管理手法の遵守，管理手法の有効性と既存データの整合性の評価のための継続的なデータ監査

 C. データ管理プロセスの全段階でのデータ品質手順，データの正確性の検証と妥当性確認，討議されたデータ管理手法の遵守，管理手法の有効性と既存データの整合性の評価のための継続的なデータ監査

 D. データ管理プロセスの全段階でのデータ品質手順，データの正確性の検証と妥当性確認，合意されたデータ管理手法の遵守，管理手法の有効性と既存データの整合性の評価のための間欠的なデータ監査

答え：A

▶データ管理は，データ処理の管理面から技術面までの幅広い活動を含むプロセスとなり，適切なデータ管理手法には次のものが含まれる．

- 戦略的な長期目標を定義し，プロジェクト，機関または組織のあらゆる面でデータ管理の指針を提供するためのデータポリシー．

- 特にデータ提供者，データオーナーおよびデータ管理者について，データに関連する者の役割と責任についての明確な定義.
- データ管理プロセスにおけるすべての段階のデータ品質の管理手順(例：品質保証，品質管理)．データの正確性の検証と妥当性確認.
- 特定のデータ管理手法と，各データセットの記述メタデータの文書化.
- 合意されたデータ管理手法の遵守.
- ユーザー要件と使用するデータの理解に基づいて，慎重に計画され，文書化されたデータベース仕様.
- 情報システムインフラ(ハードウェア，ソフトウェア，ファイル形式，ストレージ用媒体)，データストレージとバックアップ方法およびデータ自体の更新手順の定義.
- 継続的なデータ監査による，管理手法の有効性と既存データの完全性の監視．データの保管とアーカイブの計画とそのテスト(災害復旧).
- データへのリスクを低減するための，テスト済みの階層化され，継続的かつ進化的なコントロールによるデータセキュリティアプローチ.
- データアクセスの基準と，データに影響を与える可能性のあるすべてのアクセスを制御するために適用される制限に関する情報の明確化.
- 一貫性のある受け渡し手順による，ユーザーが入手そして利用可能な明確かつ文書化された公開データ.

3. セキュリティ担当責任者がデータポリシーを確立する際に考慮すべき事項は次のとおりである.
   A. コスト，妥当な注意および適切な注意，プライバシー，責任，感度，既存の法律とポリシー要件，ポリシーとプロセス
   B. コスト，所有権および管理権，プライバシー，責任，感度，未来の法律およびポリシー要件，ポリシーおよびプロセス
   C. コスト，所有権および管理権，プライバシー，責任，感度，既存の法律およびポリシー要件，ポリシーおよびプロシージャー
   D. コスト，所有権および管理権，プライバシー，責任，感度，既存の法律およびポリシー要件，ポリシーおよびプロセス

答え：D

▶健全なデータポリシーは，企業活動やプロジェクトのあらゆる側面にわたりデータ管理の戦略的な長期目標を定義することとなる．データポリシーは，データ管理の指針フレームワークを確立する一連の高水準の原則であり，データアクセス，関連する法的事項，データ管理の問題と保管義務，データ取得などの戦略的問題に対処するために使用することができ

る．データポリシーは，高度なフレームワークを提供するため，柔軟かつ動的でなければならない．これにより，予期せぬ課題，様々なタイプのプロジェクト，潜在的な機会に乗じたパートナーシップにデータポリシーを容易に適応させることができる．データポリシーを確立する際にセキュリティ担当責任者が検討すべき課題には，次のものがある．

- **コスト**（Cost）＝データを提供するコストとデータにアクセスするコストを考慮する必要がある．コストは，ユーザーが特定のデータセットを取得する場合だけでなく，プロバイダーが，要求されたフォーマットまたは範囲でデータを提供する場合にも双方の障壁になる．
- **所有権と管理権**（Ownership and Custodianship）＝データ所有権を明確に取り扱う必要がある．知的財産権は様々なレベルで所有することが可能である．例えば，マージされたデータセットは，ほかの組織が元の構成データを所有している場合であっても，別の組織が所有することができる場合がある．法的な所有権が不明確である場合は，データが不適切に使用されたり，放置されたり，失われたりするリスクがある．
- **プライバシー**（Privacy）＝どのデータがプライベートであり，どのようなデータがパブリックドメインで利用可能になるのかを明確にする必要がある．プライバシーに関する法律では，通常，個人情報を他人から保護することが求められている．したがって，データセットにおける個人情報の組み込み，使用，管理，保管および保守のための明確なガイドラインが必要となる．
- **責任**（Liability）＝責任は，組織が法的手段によりどのように保護されているかを含む．これは，データや情報管理の分野で非常に重要となる．特に，データの誤用や不正確さの結果として個人や組織に損害が生じた場合は，非常に重要な問題となる．責任はしばしばエンドユーザーとの契約やライセンスを介して処理されることになる．慎重に言及された免責条項をメタデータおよびデータ検索システムに含めることにより，プロバイダー，データコレクターまたはデータセットに関連するすべてのものが，データの誤用または不正確さに対する法的責任を免れることが可能となる．
- **感度**（Sensitivity）＝機密扱いとするデータを特定する必要がある．機密データとは，一般に公開された場合に，その属性または生存している個人に対して悪影響（害，除去，破壊）をもたらすデータとなる．脅威の種類やレベル，属性の脆弱性，情報の種類，およびすでに公開されているかどうかなど，感度を決定する際にはいくつかの要素を考慮する必要がある．
- **既存の法律およびポリシー要件**（Existing Law & Policy Requirements）＝適用されるデータや，情報に関連する法律およびポリシーに配慮する必要がある．既存の法律およびポリシー要件は，企業のデータポリシーに影響を与える可能性がある．

- **ポリシーとプロセス**（Policy and Process）＝要求に対して適時に処理し，必要に応じて応答するためには，データやポリシーに対する法的要求について考慮する必要がある．さらに，1つまたは複数のポリシーがすでに存在する場合は，それらが十分であるかどうか，または何らかの方法で変更する必要があるかどうかを判断し，作成される新しいプロセスと完全に統合されるように検討し，評価する必要がある．法的な要求に基づいたデータへのアクセスを提供するために使用されるポリシーとプロセスは，そのような状況下でどのようにセキュアアクセスが付与されるかを規定するアクセス制御や既存のポリシーに違反しないように設計および実装する必要がある．要求の対象となるデータのみを利用可能とし，無関係なデータが公開されないようにすることが必要である．

4. 情報オーナーは，通常，次の責任を負う．

A. 情報が組織の使命に及ぼす影響を決定し，情報の交換コストを把握し，組織内または組織外の誰かが情報を必要とした際，どのような状況で情報を公開する必要があるかを判断し，情報がいつ不正確または不要になり，アーカイブする必要があるかを把握する．

B. 情報が組織の使命に及ぼす影響を決定し，情報の交換コストを把握し，組織内または組織外の誰かが情報を必要とした際，どのような状況で情報を公開する必要があるかを判断し，情報がいつ不正確または不要になり，破棄する必要があるかを把握する．

C. 情報が組織のポリシーに及ぼす影響を決定し，情報の交換コストを理解し，組織内または組織外の誰かが情報を必要とした際，どのような状況で情報を公開しないかを判断し，情報がいつ不正確または不要になり，破棄する必要があるかを把握する．

D. 情報が組織の使命に及ぼす影響を決定し，情報の作成コストを把握し，組織内または組織外の誰かが情報を必要とした際，どのような状況で情報を公開する必要があるかを判断し，情報がいつ不正確または不要になり，破棄する必要があるかを把握する．

答え：B

▶情報が作成されると，組織内の誰かがこの作成された情報に直接責任を負う必要がある．多くの場合，組織の使命のために情報を作成，購入または取得した個人かグループがこの責任を負うことになる．この個人またはグループを「情報オーナー」と呼び，情報オーナーには通常，次の責任が発生する．

- 情報が組織の使命に及ぼす影響を判断する.
- 情報の交換コストを理解する(交換可能な場合).
- 組織内または組織外にいる誰が情報を必要としているのか,どのような状況で情報を公開すべきかを決定する.
- 情報が不正確であるか,もはや必要でなくなって破棄すべき時を判断する.

5. QA/QCメカニズムは,データの汚染を防ぐために設計されており,データの汚染は,プロセスまたはイベントが2つの基本的なタイプのエラーをデータセットに導入する時に発生する(2つ選択).

   A. 職務上のエラー
   B. 挿入のエラー
   C. データ漏れのエラー
   D. 作成のエラー

答え:**A | C**

▶QA/QCメカニズムは,プロセスまたはイベントが以下2つの基本的なタイプのエラーのいずれかをデータセットに導入する時に発生するデータ汚染を防止するように設計されている.

- 職務上のエラーには,データの入力や転記または誤動作した機器に起因するものが含まれる.これらは一般的であり,識別が非常に容易であり,データ取得プロセスに組み込まれた適切なQAメカニズムおよびデータが取得されたあとに適用されるQC手順によって効果的に削減することができる.
- データ漏れのエラーには,合法的なデータ値の文書化が不十分であることが多く,これらの値の解釈に影響する可能性がある.これらのエラーは検出して修正するのが難しい可能性があるが,これらのエラーの多くは厳密なQC手順で明らかにする必要がある.

6. データ管理者の典型的な責任には,次のものが含まれる(該当するすべてのものを選択).

   A. 適切かつ関連あるデータポリシーおよびデータ所有権のガイドラインへの遵守
   B. 適切なレベルのデータセットセキュリティを維持しながら,適切なユーザーへのアクセスを確保
   C. データの保存とアーカイブに限らず,基本的なデータセットのメンテナンス
   D. 継続的なデータの完全性を保証するための定期的な監査を含む,データ

セットへの追加の品質保証と妥当性確認

答え：A | B | C | D（上記のすべて）

▶データ管理者は，重要なデータセットが，定義された仕様の中で開発され，維持され，アクセス可能であることを保証することが必要となる．データ管理者の役割として，これらを監督することにより，データセットが損なわれないようにすることが挙げられる．これらの活動がどのように管理されるかは，データに適用される定義済みのデータポリシーおよびその他の適用可能なデータ管理仕様に準拠する必要がある．データ管理者の典型的な責任には，次のものがある．

- 適切で関連あるデータポリシーおよびデータ所有権のガイドラインを遵守する．
- 適切なユーザーに対してアクセスを確保し，適切なレベルのデータセットセキュリティを維持する．
- 基本的なデータセットをメンテナンスする．これは，データ保存およびアーカイブを含み，かつ限定されるものではない．
- データセットについて文書化する．これは，文書の更新を含む．
- データセットへの追加に関わる品質保証と妥当性確認を行う．これは，継続的なデータの完全性を保証するための定期的な監査を含む．

7. データの文書化の目的は次のとおりとなる（該当するすべてのものを選択）．
   A. データの長寿命化と複数の目的での再利用を確実にする．
   B. データユーザーがデータセットのコンテンツコンテキストとその制限事項を理解できるようにする．
   C. データセットの機密性を促進する．
   D. データセットとデータ交換の相互運用性を促進する．

答え：A | B | D

▶データの文書化は，将来にわたりデータセットを使用可能にするために重要となる．データの寿命は，文書化の包括性にほぼ比例する．その後の識別，適切な管理および効果的な使用を容易にし，同じデータを複数回収集または購入することを避けるために，すべてのデータセットを特定し，文書化する必要がある．データの文書化の目的は次のとおりとなる．

- データの長寿命化と複数の目的での再使用を確実にする．
- データユーザーがデータセットのコンテンツコンテキストと制限事項を理解できるようにする．
- データセットの発見を容易にする．
- データセットとデータ交換の相互運用性を促進する．

8. データ標準化の利点は次のとおりとなる．

A. より効率的なデータ管理，データ共有の減少，より高品質なデータ，データ一貫性の向上，データ統合の促進，データについての理解の向上，情報リソースの文書化の改善

B. より効率的なデータ管理，データ共有の促進，より高品質なデータ，データ一貫性の向上，データ統合の促進，データについての理解の向上，情報リソースの文書化の改善

C. より効率的なデータ管理，データ共有の促進，中品質のデータ，データ一貫性の向上，データ統合の減少，データについての理解の向上，情報リソースの文書化の改善

D. より効率的なデータ管理，データ共有の促進，最高品質のデータ，データ一貫性の向上，データ統合の促進，データについての理解の向上，情報メタデータの文書化の改善

答え：B

▶データ標準は，組織の活動や機能によって収集，自動化または影響を受けるオブジェクト，機能またはアイテムを表す．この点では，データを慎重に管理し，定義されたルールやプロトコルに従って整理する必要がある．データ標準は，データと情報を共有または集約する必要がある場合に特に重要となる．データ標準の利点は次のとおりである．

- より効率的なデータ管理（更新とセキュリティを含む）
- データ共有の促進
- より高品質なデータ
- データ一貫性の向上
- データ統合の促進
- データについての理解の向上
- 情報リソースの文書化の改善

9. データを分類する際，セキュリティ担当責任者はポリシーに関して以下の側面を決定する必要がある（**該当するすべてのものを選択**）．

A. データにアクセスできるユーザー

B. データを廃棄するためにどのような方法を使用すべきか

C. データの保護方法

D. データを暗号化する必要があるかどうか

答え：A｜B｜C｜D（上記のすべて）

▶データ分類は，組織が保持するデータを分析し，その重要度と価値を決定し，それをカテゴリーに割り当てる作業になる．「秘密」とみなされるデータは，印刷されたレポートでも，電子的に格納されていても，適切に処

理できるように分類する必要がある．IT管理者とセキュリティ管理者は，データを保持する期間と保護すべき方法を推測することができるかもしれないが，組織がデータを正しく分類するまでは，データは正しく保護されていないか，必要な期間保持されない可能性があることに留意する必要がある．

データを分類する場合，セキュリティ担当責任者はポリシーの次の側面を決定する必要がある．

1. データにアクセスできるユーザー＝データにアクセスできるユーザーの役割を定義する．例えば，会計職員は，未払金と未収金のすべてを見ることを許可されているが，新しい口座を追加することができない．全従業員は，ほかの従業員の属性（マネージャーの氏名，部門名など）を参照することができるが，人事部の従業員および管理者だけが，関連する給与の等級，自宅の住所，スタッフ全員の電話番号を見ることができる．また，人事管理者だけが，社会保障番号（SSN）や保険情報など，プライベートとして分類された従業員情報を表示および更新することができる．
2. データの保護方法＝データが一般的に使用可能かどうか，または既定では立入禁止の制限があるかどうかを確認する．つまり，アクセスが許可されている役割を定義する場合は，データの一般的なアクセスポリシーとともに，アクセスの種類（[表示のみ]または[更新]機能）を定義する必要もある．例えば，多くの企業がアクセス制御を設定して，データを表示または更新する権限が特に付与されているユーザー以外のすべてのユーザーにデータベースへのアクセスを拒否している．
3. データを保持する期間＝多くの業界では，一定期間データを保持する必要がある．例えば，金融業界では7年間の保持期間が必要となる．データオーナーはデータの規制要件を把握する必要があり，要件が存在しない場合は，ビジネスのニーズに基づいて保持期間を設定する必要がある．
4. データの廃棄にはどのような方法を用いるべきか＝一部のデータ分類では，廃棄の方法は重要ではない．しかし，一部のデータは非常に機密性が高いため，データオーナーは，印刷されたレポートを廃棄する際にクロスカット破砕処理や別の安全な方法で処理したいと考えている．さらに，従業員は，機密性の高いデータが含まれているファイルを消去したあとで，PCからデータが完全に削除されたことを検証するユーティリティを使用する必要がある．
5. データを暗号化する必要があるかどうか＝データオーナーは，データを暗号化する必要があるかどうかを判断する必要がある．PCI DSS（PCIデータセキュリティ基準）などの法律または規制に準拠しなければならない場合，暗号化を行う．

6. データの用途が適切かどうか＝このポリシーの側面は，データが企業内で使用されるものであるか，使用が選択された役割に制限されているか，組織外の第三者に公開できるかどうかを定義する．さらに，一部のデータには法的な制限が関連付けられている場合がある．組織のポリシーは，そのような制限に則り，必要に応じて法的定義を参照する必要がある．

適切なデータ分類はまた，組織が関連する法律や規制を遵守するのにも役立つ．

10. 情報の分類の大きな利点は，次のうちどれになるか．

A. コンピューティング環境を図式化する

B. 脅威と脆弱性を特定する

C. ソフトウェアのベースラインを決定する

D. 適切なレベルの保護の要件を特定する

答え：D

▶ 情報分類は，様々な種類の情報資産を区別し，分類された情報をどのように保護する必要があるかについての指針を提供する．脆弱性スキャンは，コンピューティング環境を図式化するために利用できる．脅威と脆弱性を特定するのは，脅威モデリングである．ソフトウェアのベースラインを決定するためには，構成管理が利用できる．

11. 機密性の高い情報が重要でなくなったが，まだ記録を保持するポリシーの期間内にある場合，そのような情報をどのように扱うのが**最適**か．

A. 破棄する

B. 再カテゴリー化する

C. 消磁する

D. 公開する

答え：B

▶ 情報のカテゴリー化には，情報を機密解除するプロセスと手順も含まれる．例えば，機密解除は，情報の機密性をダウングレードするために使用されることになる．一度機密とみなされた情報でも，時間の経過とともに価値や重要度が低下する可能性がある．このような状況を考慮し，非機密情報に対して過度の保護管理策が使用されないように，機密解除できるか検討する必要がある．情報の機密化を解除する際には，マーキング，処理，保存に関する要件が緩和される可能性がある．組織は，この任務に割り当てられた担当者のために，機密保持の基準を十分に検討し，文書化する必要がある．情報は依然として必要な場合があるので，破棄，消磁，削除することはできない.

12. 機器のライフサイクルの**4つ**のフェーズは何になるか.
    A. 要件の定義，調達と実装，運用と保守，廃棄と廃止
    B. 要件の調達，定義と実装，運用と保守，廃棄と廃止
    C. 要件の定義，調達と保守，実装と運用，廃棄と廃止
    D. 要件の定義，調達と実装，運用と廃止，保守と廃棄

答え：A

▶以下に，情報セキュリティ専門家が機器ライフサイクル全体を通して関与すべき共通の活動を示す.

- **要件の定義**(Defining Requirements)
  - 関連するセキュリティ要件が新しい機器の仕様に含まれていることを確認する.
  - 必要なセキュリティ機能のために適切なコストが割り当てられていることを確認する.
  - 新しい機器要件が組織のセキュリティアーキテクチャーに適合することを保証する.
- **調達と実装**(Acquiring and Implementing)
  - 機能が指定されたとおりに含まれているかを検証する.
  - 追加のセキュリティ設定，ソフトウェアおよび機能が機器に適用されていることを確認する.
  - 必要に応じて，セキュリティ認証または認定プロセスを確認する.
  - 機器がインベントリー管理されていることを確認する.
- **運用と保守**(Operations and Maintenance)
  - セキュリティのための機能や構成が稼働していることを確認する.
  - 機器の脆弱性を確認し，発見された場合は対策を行う.
  - セキュリティ関連の懸念事項に適切なサポートが提供されていることを確認する.
  - インベントリーを検証し，機器が意図したとおりに適切に設置されていることを確認する.
  - セキュリティ影響度分析によるシステム構成の変更がレビューされ，脆弱性が低減されていることを確認する.
- **廃棄と廃止**(Disposal and Decommission)
  - 組織のセキュリティ要件に応じて，機器が確実に処分され，破棄またはリサイクルされるようにする.
  - 廃止された機器の状態を反映するために，インベントリーが正確に行われるようにする.

13. 個人の雇用適性を決定するのに**最適**なのは，次のうちどれになるか．

A. 職位または役職

B. セキュリティチームとのパートナーシップ

C. 役割

D. バックグラウンド調査

答え：D

▶役割，職務，またはアクセスに関連するバックグラウンド調査は，セキュリティの問題を最小限に抑える最善の方法である．バックグラウンド調査は，個人の誠実さや公正さを保証するものではないが，組織は個人の経歴や参考情報を得ることができる．

14. 一度DVD-Rに保存された機密情報が媒体に残留しないようにするためには，どの方法が最適か．

A. 削除

B. 消磁

C. 破壊

D. 上書き

答え：C

▶CDやDVDなどの光学メディアは，漏洩してしまうデータが残っていないことを確実にするために，物理的に破壊されなければならない．問題文で言及された媒体は読み取り専用媒体（1回だけ書き込み）のDVDであるため，その情報は上書きまたは削除することができない．消磁は，非光学的な磁気媒体におけるデータの残留を低減または除去することができる．

15. 根本的な原因を特定するだけでなく，内在する問題に対処するプロセスは，次のうちどれか．

A. インシデント管理

B. 問題管理

C. 変更管理

D. 構成管理

答え：B

▶インシデント管理は，主に悪意あるイベントの管理に関係するのに対して，問題管理は，根本的な原因に立ち戻ってイベントを追跡し，内在する問題に対処することに関係している．システムの完全性の維持は，変更管理のプロセスを通じて達成される．構成管理は，ハードウェアコンポーネント，ソフトウェア，および関連する設定を識別し，文書化するプロセスである．

16. ソフトウェアアップデートを実稼働システムに適用する前に行う，**最も**重要なことは次のどれか．

A. パッチで修正される脅威に関する完全な情報開示

B. パッチ適用プロセスが文書化されている

C. 実稼働システムがバックアップされている

D. 独立した第三者がパッチの正当性を証明する

答え：C

▶実稼働サーバーに更新プログラムを展開する前に，完全なシステムバックアップが実行されていることを確認すべきである．システム更新が原因でシステムクラッシュという残念なイベントが起きたとしても，データを大幅に失うことなくサーバーとデータを復旧することができる．さらに，更新に独自のコードが含まれていた場合，サーバーまたはアプリケーションイメージのコピーをメディアライブラリー担当者に提供すべきである．完全に開示されている情報の有無は，存在することが好ましいが，組織ごとのリスクベースの決定であり，パッチプロセスのように必須のものではない．パッチ適用プロセスの文書化は，パッチ管理プロセスの最後のステップである．独立した第三者の評価は，通常，パッチの妥当性を証明することとは無関係である．

第3章　セキュリティエンジニアリング

1. ビジネス要件の評価に始まり，そのあとに続く戦略，コンセプト，設計，実装およびメトリックのフェーズを通じて「トレーサビリティの連鎖」を作成する，セキュリティアーキテクチャーを開発するための包括的なライフサイクルは，次のフレームワークのうちのどれの特徴を表しているか．

A. Zachman

B. SABSA

C. ISO 27000

D. TOGAF

答え：B

▶SABSA（Sherwood Applied Business Security Architecture）は，ビジネス要件の評価から始まる，セキュリティアーキテクチャーを開発するための包括的なライフサイクルである．戦略，コンセプト，設計，実装，およびメトリックのフェーズを通じて，ビジネス機能に対するセキュリティ要件の「トレーサビリティの連鎖」を生成する．アーキテクチャーは6つの層で表され，それぞれがターゲットシステムの設計と構築と使用について異なる視点を表す．

2. エンタープライズセキュリティアーキテクチャー（ESA）は様々な方法で適用できるが，いくつかの主要な目標に焦点を当てている．ESAの目標の適切なリストはどれか．

A. シンプルで長期的なコントロールの視点であり，共通のセキュリティコントロールのための統一されたビジョンを提供し，既存の技術への投資を活用し，現在および将来の脅威に固定的なアプローチを提供し，周辺機能のニーズにも対応する．

B. シンプルで長期的なコントロールの視点であり，共通のセキュリティコントロールのための統一されたビジョンを提供し，新しい技術への投資を活用し，現在および将来の脅威に柔軟なアプローチを提供し，コア機能のニーズにも対応する．

C. 複雑で短期的なコントロールの視点であり，共通のセキュリティコントロールのための統一されたビジョンを提供し，既存の技術への投資を活用し，現在および将来の脅威に柔軟なアプローチを提供し，コア機能のニーズにも対応する．

D. シンプルで長期的なコントロールの視点であり，共通のセキュリティコントロールのための統一されたビジョンを提供し，既存の技術への投資を活用し，現在および将来の脅威に柔軟なアプローチを提供し，コア機能のニーズにも対応する．

答え：D

▶ESAは様々な方法で適用可能であるが，いくつかの主要な目標に焦点を当てている．

- シンプルで長期的なコントロールの視点を提供する：可能性のあるソリューションの異質性により，重複と非効率性は多くのセキュリティアーキテクチャーにおいて固有のものとなっている．組織が，最も一般的なリスクに対処するための適切なレベルのコントロールを確実に受けるために，優れたアーキテクチャーは包括的で，シンプルでなければならない．ビジネス上の利益を損なう可能性のあるサービスの複雑さや不必要な重複も避けなければならない．また，時間の経過とともに発展するビジネスに従い，新しいコントロール要件に対応できなければならない．
- 共通のセキュリティコントロールのための統一されたビジョンを提供する：この共通サービスモデルを提供することにより，アーキテクチャーは，全体的な視点からセキュリティコントロールを見て，それらのコントロールの潜在的なギャップを識別し，改善のための長期的な計画を提供する．これは，優れたセキュリティマネジメントの実践の基本的な部分となる．

- 既存技術への投資を活用する：提案されたセキュリティは，実用的な時はいつでも企業にすでに導入されている既存技術を再利用する必要がある．組織がすでに展開しているものに焦点を当てることで，アーキテクチャーは内部スキルセット，ライセンスおよび契約を最大限に活用して，トレーニングやスタッフの増強の必要性を最小限に抑えることができる．
- 現在および将来の脅威にも柔軟なアプローチを提供し，コア機能のニーズにも対応する：できることなら，アーキテクチャーの実装は，現在の脅威と新たな脅威に対する安全と対策を提供するのに十分柔軟でなければならない．ただし，組織内のコアアプリケーションが意図したとおりに動作して統合できるような柔軟性も同時になければならない．

その結果として，アーキテクチャーは以下をサポートし，統合するものでなければならない．

1. すべての情報が時間とともに価値とリスクの面で同等または一定ではないことを認識する効果的なセキュリティプログラム．
2. 最も重要な資産を保護するための適切な技術と，受容可能なビジネスレベルにまでリスクを低減する品質プロセスとを組み合わせて適用する，効率的なセキュリティプログラム．これは，何らかの形の評価プロセスによって達成される．
3. 定期的な管理レビューと技術評価を含む高品質のセキュリティプログラム．このプログラムにより，コントロールが意図どおりに機能していることが確認され，技術やプロセスが価値やリスクの変化に適応できるようフィードバックが提供される．これは，システム保証プログラムの一部として測定され，監視される．

3. 詳細なセキュリティ要件の把握のために，次のうちどれを使用するのが**最適**であるか．
   A. 脅威モデリング，隠れチャネル，データ分類
   B. データ分類，リスクアセスメント，隠れチャネル
   C. リスクアセスメント，隠れチャネル，脅威モデリング
   D. 脅威モデリング，データ分類，リスクアセスメント

答え：D

▶脅威モデリングを使用することで，システムまたはソフトウェアに対する脅威を判断することができ，対策の具体的な要件を定めることができるようになる．データ分類は，送信または格納されるデータに対する適切な保護レベルを決定するために使用でき，これを使用して機密性，完全性または可用性の要件を決定できる．残存リスクおよび受容可能リスクの閾値の

決定は，セキュリティ要件を生成するためにも使用できる．

4. 次のセキュリティ基準のうち，健全なセキュリティプラクティスの基準として国際的に認められ，組織における情報セキュリティマネジメントシステム(ISMS)の標準化と認証に焦点を当てているものはどれか．

   A. ISO 15408
   B. ISO 27001
   C. ISO 9001
   D. ISO 9126

   答え：B

   ▶ISO 27000シリーズは，あらゆるタイプの組織が情報資産の保護を向上させるための基本，原則，および概念を理解する助けとなる．ISO 15408は，ITセキュリティの評価基準を含む共通基準(コモンクライテリア)である．ISO 9001は，品質管理システムの要件を提供する．ISO 9126はソフトウェア品質の評価のための国際標準である．

5. セキュリティ要件が満たされていることを保証するために，実装する必要のあるルールを記述しているのは，次のうちのどれか．

   A. セキュリティカーネル
   B. セキュリティポリシー
   C. セキュリティモデル
   D. セキュリティ参照モニター

   答え：C

   ▶セキュリティポリシーは，組織のセキュリティ要件を文書化する．セキュリティモデルは，その後，セキュリティポリシーをサポートし，実装するためのルールを記述する仕様である．セキュリティポリシーでは，「何の」要件を満たす必要があるのかを示しているが，セキュリティモデルは要件を「どのように」満たすか(ルール)を提供する．セキュリティ機能が配置されているオペレーティングシステムの重要な部分はセキュリティカーネルである．セキュリティ参照モニターは，データまたはシステムのいずれかに対する，ソフトウェアのアクセス要求を制御する改ざん防止モジュールである．

6. 2次元的に個々のサブジェクトをグループまたはロールにグループ化し，オブジェクトのグループへのアクセスを許可することは，次のどのタイプのモデルの一例であるか．

   A. マルチレベルラティス

B. 状態マシン

C. 非干渉

D. マトリックスベース

答え：D

▶ラティスベースのモデルは，同様の制限を有する，類似したサブジェクトとオブジェクトを扱う場合が多いのに対して，マトリックスベースのモデルは，サブジェクトとオブジェクトの間の1対1の関係に焦点を当てている．最もよく知られている例は，サブジェクトとオブジェクトをアクセス制御マトリックスに編成することである．アクセス制御マトリックスは，個々のサブジェクトおよびオブジェクトが互いに関連することを可能にする2次元テーブルである．状態マシンモデルは，システムがある状態から別の状態，ある瞬間から別の瞬間に移動する時のシステムの動作を記述する．非干渉モデルは，異なるセキュリティレベルでアクティビティを維持し，これらのレベルを互いに分離している．このようにして，セキュリティレベル間に完全な分離が存在するため，隠れチャネルを通じて発生する漏洩を最小限に抑えることができる．

7. 「秘密」のクリアランスレベルを持つサブジェクトは，「秘密」または「機密」として分類されたオブジェクトにのみ書き込むことができるが，「公開」に分類されるオブジェクトに情報を書き込むことはできないことを，次のどのモデルが保証しているか．

A. Biba完全性

B. Clark-Wilson

C. Brewer-Nash

D. Bell-LaPadula

答え：D

▶Bell-LaPadulaは情報開示の防止を扱う機密性モデルである．

8. 以下のうち，Biba完全性モデルに固有のものはどれか．

A. 単純属性

B. *(スター)属性

C. 呼び出し属性

D. 強化*属性

答え：C

▶BibaとBell-LaPadulaの両方が単純属性と*(スター)属性を持ち，強化*属性はBell-LaPadula機密性モデルの一部である．呼び出し属性は，Biba完全性モデルに固有のものであり，これは，信頼性の低いサブジェクトがより信頼性の高いサブジェクトの能力を利用することを許可されたため，破損が発生する可能性のある状況を考慮している．

9. 1人の顧客のデータが，ホストされた環境を共有している競合他社またはほかの顧客に漏洩しないように，共有のデータホスティング環境で**最もよく**考慮されるモデルは次のうちどれか．

   A. Brewer-Nash
   B. Clark-Wilson
   C. Bell-LaPadula
   D. Lipner

答え：A

▶解答群のほかのモデルは機密性の保証を提供することができるが，アクセス権の明確な分離を持つのは，チャイニーズウォールモデルとも呼ばれるBrewer-Nashモデルだけである．Brewer-Nashモデルの原則は，ユーザーが，クライアント組織と，その競合他社の機密情報の両方にアクセスできないようにするものである．中国の万里の長城のように，ある人が壁の片側にいたら，もう片方に行くことができないので，チャイニーズウォールモデルと呼ばれる．

10. 主に，サブジェクトとオブジェクトがどのように作成され，サブジェクトにどのように権利または特権が割り当てられるかに関係しているセキュリティモデルは次のうちどれか．

   A. Bell-LaPadula
   B. Biba完全性
   C. チャイニーズウォール
   D. Graham-Denning

答え：D

▶Graham-Denningのアクセス制御モデルは，オブジェクトのセット，サブジェクトのセット，および権限のセットの3つの部分からなる．Bell-LaPadulaは機密性モデルである．Bibaは完全性モデルである．チャイニーズウォールモデルは，アクセスの分離について扱う機密保証モデルでもある．

11. 次のISO規格のうち，異なる機能を持つ異なる製品のセキュリティ要件を評価するために使用できる評価基準を提供しているのはどれか．

   A. 15408
   B. 27000
   C. 9100

D. 27002

答え：**A**

▶ISO/IEC 15408は，一般的にコモンクライテリアと呼ばれる．これは，最初の真に国際的な製品評価基準を提供する，国際的に認められた標準である．TCSEC，ITSECおよびその他の基準で認定された製品は引き続き一般的に使用されているが，コモンクライテリアは，これらの基準に大きく取って代わっている．コモンクライテリアは，柔軟性のある機能要件と保証要件を提供することによりITSECに非常に類似したアプローチを行い，TCSECのように禁止的ではない．その代わりに，製品評価へのアプローチを標準化し，評価の相互承認を提供することに注力している．

12. コモンクライテリアにおいて，特定の種類の環境で展開されるベンダー製品カテゴリーに対する共通的な機能要件と保証要件のセットは次のうちどれか．

A. 保護プロファイル

B. セキュリティターゲット

C. 高信頼コンピューティングベース（TCB）

D. リングプロテクション

答え：**A**

▶保護プロファイルは共通的な機能要件と保証要件のセットであり，セキュリティターゲットは，セキュリティターゲットの作成者が特定の製品に対して満たしていることを望む「特定の」機能要件と保証要件である．高信頼コンピューティングベースとリングプロテクションは，コモンクライテリアの概念ではない．

13. リスクの高い状況において，形式的に検証，設計，テストされた評価保証レベルとしては，次のどれが期待されるか．

A. EAL 1

B. EAL 3

C. EAL 5

D. EAL 7

答え：**D**

▶製品が形式的に検証，設計，テストされたあとに与えられる唯一のものは，EAL 7である．ほかのすべての保証レベルは形式的に検証されていない．

14. 経営陣による，評価されたシステムの正式な承認は次のどれになるか．

A. 認証

B. 認定

C. 妥当性確認

D. 検証

答え：B

▶認定段階で，経営陣は，システムの能力が組織のニーズを満たしているかを評価する．経営陣が，システムの能力は組織のニーズを満たすと判断した場合，通常は定義された期間，評価されたシステムを正式に受け入れる．認証段階では，製品またはシステムは，文書化された要件（あらゆるセキュリティ要件を含む）を満たしているかどうかを確認するためにテストされる．妥当性確認と検証は，通常，認証段階の一部である．

15. 能力成熟度モデル（CMM）のどの段階が，プロアクティブな組織プロセスを持つことによって特徴付けられるか．

A. 初期段階

B. 管理段階

C. 定義段階

D. 最適化段階

答え：C

▶初期段階では，プロセスは予測不可能であり，制御不能であり，リアクティブである．管理段階では，プロセスはプロジェクト（組織全体ではない）固有であり，しばしばリアクティブである．定義段階では，プロセスは組織全体に固有となり，プロアクティブに行われる．最適化段階では，継続的なプロセス改善に重点を置いている．

16. 特定されたリスクに対処するための新しいセキュリティコントロールや対策の能力を検証する際，ITに関連するリスクを定量化する方法として**最適**なのは次のうちどれか．

A. 脅威／リスクアセスメント

B. ペネトレーションテスト

C. 脆弱性評価

D. データ分類

答え：A

▶ペネトレーションテスト，脆弱性評価およびデータ分類は，脅威と対策の特定に役立つかもしれないが，脅威と脆弱性を必ずしも常に説明可能にしたり，数値化したりするとは限らない．

17. TCSECは，2種類の隠れチャネルを特定している．それは次のどれか（**2つ選択**

すること).

A. ストレージ

B. 境界

C. タイミング

D. モニタリング

答え:A | C

▶隠れチャネルは,情報システムのアクセス制御および標準監視システムに認識されない通信メカニズムである.隠れチャネルは,ディスクの空き領域部分や,情報を送信するプロセスのタイミングなどの不規則な通信方法を使用している.TCSECでは,以下の2種類の隠れチャネルを確認している.

- 格納されたオブジェクトを介して通信するストレージチャネル
- 相互に関連するイベントのタイミングを変更するタイミングチャネル

隠れチャネルを低減する唯一の方法は,情報システムの安全な設計によるものである.セキュリティアーキテクトは,隠れチャネルがどのように機能するのかを理解し,関連する要件を持つ設計において,それらを排除するように努めなければならない.

18. モバイルコンピューティングデバイスのセキュリティ上の懸念の主な理由は次のうちどれか.

A. 3G/4Gプロトコルは本質的に安全でない

B. 低い処理能力

C. ハッカーはモバイル機器をターゲットにしている

D. ウイルス対策ソフトウェアの欠如

答え:B

▶これらのデバイスは,リソースが制約されているほかのデバイスと共通したセキュリティ上の懸念を共有している.多くの場合,処理能力が非常に限られている中で,より豊かなユーザー対話を提供することに重点が置かれているため,セキュリティサービスが犠牲にされている.これらのデバイスはその移動性により,コントロールが困難な方法で情報を送信および格納するために使用できるため,データ漏洩の主な原因の1つとなっている.

19. 分散環境においては,OSがハードウェアを制御し,通信できるようにするデバイスドライバーは,安全に設計,開発,配備する必要がある.その理由は次のうちどれか.

A. 一般に,エンドユーザーによってインストールされ,スーパーバイザー

状態へのアクセスが許可される

B. 一般に，管理者によってインストールされ，ユーザーモード状態へのアクセスが許可される

C. 一般に，人間の介在なしにソフトウェアによりインストールされる

D. OSの一部として統合されている

答え：**A**

▶入出力デバイスを制御するデバイスドライバーは，一般にエンドユーザー(管理者でなくてもよい)によってインストールされ，多くの場合，実行速度を向上させるためにスーパーバイザー状態へのアクセスが許可されている．このため，このリスクを低減するほかのコントロールがない限り，不正なドライバーを使用してシステムを危険にさらす可能性がある．ドライバーはオペレーティングシステムのアドオンではなく，通常はインストールのために人間との対話を必要とする．

20. システム管理者は，各個人に権利を付与するのではなく，「経理」と呼ばれる個人のグループに権利を付与している．これは，次のセキュリティメカニズムのうちのどの例か．

A. 階層化

B. データの隠蔽

C. 暗号による保護

D. 抽象化

答え：**D**

▶コンピュータプログラミングにおいて，階層化は，いくつかの連続的かつ階層的なやり方で相互にやり取りする独立した機能コンポーネントへのプログラミングの編成方法であり，各層は通常，その上の層およびその下の層に対してのみインターフェースを有している．データの隠蔽は，異なるセキュリティレベルでアクティビティを維持することで，これらのレベルを互いに分離する．機密性の高いシステム機能とデータを保護するために，様々な方法で暗号を使用することが可能である．機密情報を暗号化し，重要な資料の使用を制限することで，システムの特権の低い部分からデータを隠すことができる．抽象化は，エンティティの本質的な属性を容易に表現するために，エンティティから特性を除去する．

21. 非対称鍵暗号は，以下のどの目的で使用されるか．

A. データの暗号化，アクセス制御，ステガノグラフィー

B. ステガノグラフィー，アクセス制御，否認防止

C. 否認防止，ステガノグラフィー，データの暗号化

D. データの暗号化，否認防止，アクセス制御

答え：D

▶ステガノグラフィーは，別の媒体の中にメッセージを隠すことである．

22. 非対称鍵暗号をサポートするものは，次のうちどれか．

A. Diffie-Hellman

B. Rijndael

C. Blowfish

D. SHA-256

答え：A

▶Diffie-Hellmanの非対称アルゴリズムは，この種類においては最初のアルゴリズムであり，今日でもまだ最も一般的に使用されているアルゴリズムの1つである．

23. 対称アルゴリズムと比較した場合，公開鍵アルゴリズムを使用することの重要な欠点は何か．

A. 対称アルゴリズムは，より優れたアクセス制御を提供する．

B. 対称アルゴリズムは，より高速な処理である．

C. 対称アルゴリズムは，配送の否認防止を提供する．

D. 対称アルゴリズムは，実装することがより困難である．

答え：B

▶非対称暗号の処理効率は，相対的に多くの計算処理リソースを必要とするために対称暗号よりも低い．その性能が低いことは，非対称暗号の欠点である．

24. ユーザーがメッセージの完全性を提供する必要がある場合，どのオプションが**最適**となるか．

A. 受信者にメッセージのデジタル署名を送信する

B. 対称アルゴリズムでメッセージを暗号化して送信する

C. 受信者が対応する公開鍵を使用して復号できるように，秘密鍵を使用してメッセージを暗号化する

D. チェックサムを作成してメッセージに追加し，メッセージを暗号化して受信者に送信する

答え：D

▶シンプルなエラー検出コード，チェックサム，またはフレームチェックシーケンスの使用は，メッセージの完全性を確保するために，対称鍵暗号とともによく使用される．Aは，ハッシュ結果を比較するメッセージ自体を送

信しなければ有効ではない．Bは，攻撃者がメッセージの暗号化に使用される対称鍵を取得した場合，弱点を持つ．Cは，プライバシーを提供するが，メッセージの完全性を確保するという目的に対して計算量が多く非効率的である．

25. 認証局（CA）は，ユーザーに以下のどの利点を提供するか．
    A. すべてのユーザーの公開鍵の保護
    B. 対称鍵の履歴
    C. 発信の否認防止の証明
    D. 公開鍵が特定のユーザーに関連付けられていることの確認

答え：D

▸認証局（CA）は，証明書の内容が証明書の所有者を正確に表すことを証明するためにエンティティのデジタル証明書に「署名」する．公開鍵は秘密ではないため，AはCAの機能ではない．Bは鍵管理の機能である．Cはデジタル証明書の機能である．

26. RIPEMD-160ハッシュの出力長は次のどれになるか．
    A. 160bit
    B. 150bit
    C. 128bit
    D. 104bit

答え：A

▸RIPEMD-160の出力は160bitである．

27. ANSI X9.17は主に次のどれに関係しているか．
    A. 鍵の保護と機密性
    B. 財務記録および暗号化データの保持
    C. 鍵階層の形式化
    D. 鍵暗号化鍵（KKM）の寿命

答え：A

▸鍵の保護と機密性は，ANSI X9.17の第1の課題である．ANSI X9.17は，金融機関が電子媒体を使用して，証券や資金を安全に送信する必要性に対応するために開発された．具体的には，鍵の機密性を保証する手段について記述している．

28. 証明書が失効した場合，適切な手順は次のうちどれか．
    A. 新しい鍵有効期限を設定する

B. 証明書失効リストを更新する

C. すべてのディレクトリーから秘密鍵を削除する

D. すべての従業員へ失効した鍵を通知する

答え：B

▶鍵がもはや有効でない時は，証明書失効リストを更新する必要がある．証明書失効リスト（Certificate Revocation List：CRL）は，PKIのメンバーが受け入れてはならない失効した証明書のリストである．

29. リンク暗号化に関して，正しい記述は次のうちどれか．

A. リンク暗号化は，リスクの高い環境に対して推奨され，トラフィックフローの機密性を向上し，ルーティング情報を暗号化する．

B. リンク暗号化は，多くの場合フレームリレーや衛星リンクのために使用され，リスクの高い環境に対して推奨され，トラフィックフローの機密性を向上する．

C. リンク暗号化は，ルーティング情報を暗号化し，多くの場合フレームリレーや衛星リンクに使用され，トラフィックフローの機密性を提供する．

D. リンク暗号化は，トラフィックフローの機密性を向上し，リスクの高い環境に対して推奨され，トラフィックフローの機密性を向上する．

答え：C

▶リンク暗号化は，各ノードにプライバシーの弱点の可能性があるため，リスクの高い環境には適していない．暗号化・復号機能がデータパスに沿って各ノードで実行されるので，攻撃者が復号されたデータを閲覧できる可能性がある．

30. NISTは，利用可能なクラウドサービスの種類を表す3つの異なるサービスモデルを特定している．次のどれが正しいか．

A. サービスとしてのソフトウェア（SaaS），サービスとしてのインフラストラクチャー（IaaS），サービスとしてのプラットフォーム（PaaS）

B. サービスとしてのセキュリティ（SaaS），サービスとしてのインフラストラクチャー（IaaS），サービスとしてのプラットフォーム（PaaS）

C. サービスとしてのソフトウェア（SaaS），サービスとしての完全性（IaaS），サービスとしてのプラットフォーム（PaaS）

D. サービスとしてのソフトウェア（SaaS），サービスとしてのインフラストラクチャー（IaaS），サービスとしてのプロセス（PaaS）

答え：A

▶NISTは，利用可能なクラウドサービスの種類を表す3つのサービスモデルを示している．

- サービスとしてのソフトウェア（Software as a Service：SaaS）＝利用者に提供される機能は，クラウドインフラストラクチャー上で実行されているプロバイダーのアプリケーションを使用することである．アプリケーションは，Webブラウザー（例えば，Webベースの電子メール）のようなシンクライアントインターフェースまたはプログラムインターフェースを介して，様々なクライアントデバイスからアクセス可能である．利用者は，ネットワーク，サーバー，オペレーティングシステム，ストレージ，さらには個々のアプリケーション機能などについて，基盤となるクラウドインフラストラクチャーを管理したり，制御したりすることはない．ただし，限定されたユーザー特定のアプリケーション構成設定は除く．
- サービスとしてのプラットフォーム（Platform as a Service：PaaS）＝利用者に提供される機能は，プロバイダーがサポートするプログラミング言語，ライブラリー，サービスおよびツールを使用して利用者が作成または取得したアプリケーションをクラウドインフラストラクチャーに展開することである．利用者は，ネットワーク，サーバー，オペレーティングシステム，ストレージなどの基盤となるクラウドインフラストラクチャーを管理または制御しないが，展開されたアプリケーションと，アプリケーションホスト環境の構成設定は制御できる．
- サービスとしてのインフラストラクチャー（Infrastructure as a Service：IaaS）＝利用者に提供される機能は，処理，ストレージ，ネットワークおよびその他の基本的なコンピューティングリソースを供給することで，利用者は，オペレーティングシステムやアプリケーションを含む任意のソフトウェアを展開および実行できる．利用者は，基盤となるクラウドインフラストラクチャーを管理または制御するのではなく，オペレーティングシステム，ストレージおよび展開されたアプリケーションを制御し，選択したネットワークコンポーネント（ホスト型ファイアウォールなど）の限定的な制御を行う可能性がある．

31. ほとんどのブロック暗号で強度を上げるために使用されるプロセスはどれか．
    A. 拡散
    B. 攪拌
    C. ステップ関数
    D. SPネットワーク

答え：**D**

▶SPネットワークは，Claude Shannonによって記述されたプロセスで，ほとんどのブロック暗号で強度を向上させるために使用されている．SPは換字と転字を表し，ほとんどのブロック暗号は，暗号化プロセスに攪拌と拡散を加えるために一連の換字と転字を繰り返し行う.

32. データを暗号化するための基本的な方式を**最も**適切に説明しているのはどれか.
   A. 換字および転置
   B. 3DESおよびPGP
   C. 対称および非対称
   D. DESおよびAES

答え：C

▶データの暗号化は，データの機密性を確保するため，対称または非対称の設計により行われる．暗号製品のアルゴリズムまたはプロセスの大部分は，どちらかの方法に分類される.

33. 暗号は情報セキュリティの中核となる原則をすべてサポートしているが，これに含まれないものはどれか.
   A. 可用性
   B. 機密性
   C. 完全性
   D. 真正性

答え：D

▶暗号は，情報セキュリティの中核となる3つの原則をすべてサポートしている．真正性は，中核となる原則の1つではない.

34. 鍵を決定する方法として頻度分析を無効にする方法は，次のどれになるか.
   A. 換字暗号
   B. 転置暗号
   C. 多換字暗号
   D. 反転暗号

答え：C

▶平文を置き換えるために複数のアルファベットを使用する方法は，多換字暗号と呼ばれている．これは頻度分析による暗号解読をより困難にするように設計されている.

35. ランニングキー暗号は，次のどれをベースとしているか.
   A. モジュラー演算
   B. XOR数学
   C. 因数分解
   D. 指数

答え：A

▶モジュラー数学の使用とアルファベットの数値的位置による各文字の表現は，ランニングキー暗号を含む，多くの現代暗号にとって重要である．

36. 総当たりによって復号できないと言われている唯一の暗号システムはどれか．

A. AES

B. DES

C. ワンタイムパッド

D. トリプルDES

答え：C

▶ワンタイムパッドの鍵は，一度しか使用されず，平文と同じ長さでなければならないが，決して繰り返されない．

37. 主要な実装攻撃には以下のどれが含まれるか（**当てはまるすべてを選択すること**）．

A. フォールト分析

B. 既知平文

C. プロービング

D. 線形

答え：A | C

▶実装攻撃は，アルゴリズムそのものに対する攻撃ではなく，暗号を使用するシステムでの暗号の実装上の脆弱性に対するものであり，その容易さから暗号システムに対する最も一般的でよく見られる攻撃の1つとなっている．主な実装攻撃の種類としては，以下のものがある．

- サイドチャネル攻撃
- フォールト分析
- プロービング攻撃

サイドチャネル攻撃は，電力消費／放射などの実装の物理的な属性に依存する受動的な攻撃である．これらの属性は，秘密鍵とアルゴリズム関数を決定するために研究される．一般的なサイドチャネルのいくつかの例には，タイミング解析や電磁差分解析がある．

フォールト分析は，システムをエラー状態にして誤った結果を得るように試みる．エラーを強制し，結果を得ることで，既知の良好な結果と比較することによって，攻撃者は秘密鍵とアルゴリズムについて知ることができる．

プロービング攻撃は，補完的なコンポーネントが鍵またはアルゴリズムに関する情報を開示することを期待して，暗号モジュールを取り巻く回路を監視するものである．さらに，新しいハードウェアを暗号モジュールに追加して，情報を観察および注入することができる．

38. スマートカードに暗号化を実装するための**最良**の選択はどれか．

A. Blowfish
B. 楕円曲線暗号
C. Twofish
D. 量子暗号

答え：B

▶スマートカードは処理能力とメモリーが制限されているため，プロセッサーの要求に応じたアプローチを使用する必要がある．楕円曲線暗号は，非常に効率的であり，したがってわずかな処理能力しかない環境では唯一の選択肢である．

39. 既知の個人から，添付文書が含まれる電子メールを，デジタル署名付きで受信した．電子メールクライアントがその署名の妥当性確認ができない．この時，**最適**な行動方針はどれになるか．

A. 添付ファイルを開いて，署名が有効かどうかを確認する．
B. 添付ファイルを開く前に，署名の妥当性確認ができない理由を確認する．
C. 電子メールを削除する．
D. 新しい署名を付与して，電子メールを別のアドレスに転送する．

答え：B

▶デジタル署名の妥当性確認ができない場合，いくつかの理由が考えられる．システムがCAに到達できない可能性だけでなく，文書に署名するために使用された証明書が自己生成されていたり，改ざんされていたりする可能性もある．

40. 仮想プライベートネットワーク（VPN）の多くで使用しているのは次のどれか．

A. SSL/TLSおよびIPSec
B. ElGamalとDES
C. 3DESとBlowfish
D. TwofishとIDEA

答え：A

▶2つの主要なツールは，VPNと電子商取引のセキュアネットワーキングの両方を支援する．IPSecとSSL/TLSはネットワークセキュリティと同義になっている．これらのプロトコルは，安全なネットワークトラフィックの大部分と電子商取引を可能にする．

1. OSI参照モデルにおいて，イーサネット（IEEE 802.3）はどの層で説明されるか．

 A. 第1層：物理層
 B. 第2層：データリンク層
 C. 第3層：ネットワーク層
 D. 第4層：トランスポート層

答え：B

▶ データリンク層である第2層は，例えば，イーサネットによるマシン間のデータ転送のことである．

2. ある顧客がコストを最小に抑えるために，ISPから固定IPアドレスを1つだけ注文した．すべてのコンピュータが同じパブリックIPアドレスを共有するために，ルーターに設定しなければならないのは以下のうちどれか．

 A. VLAN
 B. PoE
 C. PAT
 D. VPN

答え：C

▶ ポートアドレス変換（PAT）は，ネットワークアドレス変換（NAT）の拡張機能で，ローカルエリアネットワーク（LAN）上の複数のデバイスを，単一のパブリックIPアドレスにマッピングできる．PATの目的は，IPアドレスを節約することである．

3. ユーザーが，一部のインターネットWebサイトにアクセスできなくなったと報告している．ネットワーク管理者がネットワーク通信の問題の原因となっているリモートルーターを迅速に切り分けて，問題が適切な担当者に報告できるようになるのは，次のうちどれか．

 A. Ping
 B. プロトコルアナライザー
 C. Tracert
 D. Dig

答え：C

▶ Tracertユーティリティは，最大30ホップにわたってターゲットアドレスへのルートをトレースする．その結果，どのルートが有効であるか，パケットがどこでドロップされているかをユーザーに伝え，接続性の問題を素早く診断できる．

4.　Annは新しい無線アクセスポイント(WAP)を設置し，ユーザーが接続できるように設定した．しかし，接続はされるが，ユーザーはインターネットにアクセスできない．問題の原因の可能性が**最も**高いのは，次のどれか．

A.　信号強度が低下し，レイテンシーがホップカウントを増加させている．

B.　誤ったサブネットマスクがWAPに設定されている．

C.　信号強度が低下し，パケットロスが発生している．

D.　ユーザーが誤った暗号化タイプを指定し，パケットが拒否されている．

答え：**B**

▶サブネットマスクは，ネットワークIDとホストIDの2つの部分に分かれている．ネットワークIDは，デバイスが接続されているネットワークを表す．例えば，問題になっているサブネットマスクが255.255.240.0であるべきところに，255.240.0.0と入力されていた場合，デバイスは，255.240.0.0サブネット内のコンピュータと，そのサブネットのデフォルトゲートウェイのみを見ることができる．間違ったサブネットマスクがネットワーク設定に入力されていると，正しいサブネットマスクが入力されるまで，デバイスはサブネット外のほかのデバイスと通信できなくなり，サブネットマスクが表すネットワーク上のデバイスとだけ対話することができる．

5.　ネットワーク型侵入検知システム(NIDS)の最適な配置はどれか．

A.　ネットワーク管理者にすべての不審なトラフィックのアラートを出すネットワーク境界

B.　ビジネスクリティカルなシステム(DMZや特定のイントラネットセグメントなど)を持つネットワークセグメント

C.　ネットワークオペレーションセンター(NOC)

D.　外部サービスプロバイダー

答え：**A**

▶侵入検知システム(IDS)はアクティビティを監視し，不審なトラフィックを検出した時にアラートを送信する．IDSには，サーバーとワークステーションのアクティビティを監視するホスト型IDSと，ネットワークアクティビティを監視するネットワーク型IDSという2つの大きな分類がある．ネットワーク境界にIDSを配置すると，組織の中に入ってくるすべてのトラフィックが監視される．

6.　次のエンドポイントデバイスのうち，コンバージドIPネットワークの一部とみなされる可能性が**最も**高いのはどれか．

A.　ファイルサーバー，IP電話，セキュリティカメラ

B.　IP電話，サーモスタット，暗号ロック

C. セキュリティカメラ，暗号ロック，IP電話

D. サーモスタット，ファイルサーバー，暗号ロック

答え：A

▶コンバージドIPネットワークに関しては図4.32を参照のこと．

7. ネットワークのアップグレードが完了し，WINSサーバーをシャットダウンした．NetBIOSネットワークトラフィックをもはや許可しないことが決定された．次のうち，どれがこの目標を達成するか．

A. コンテンツフィルタリング

B. ポートフィルタリング

C. MACフィルタリング

D. IPフィルタリング

答え：B

▶TCP/IPポートフィルタリングは，コンピュータまたはネットワークデバイス上のTCP（Transmission Control Protocol）ポートとUDP（User Datagram Protocol）ポートを，選択的に有効／無効にする方法である．ファイアウォールソフトウェアをインターネットアクセスポイントに導入するなど，ほかのセキュリティ対策と組み合わせて使用すると，イントラネットおよびインターネットサーバーへのポートフィルターの適用は，悪意あるユーザーによる内部攻撃を含む多くのTCP/IPベースのセキュリティ攻撃からサーバーを隔離することができる．

8. ネットワークの境界防御の一部であるべきなのは，次のデバイスのうちどれか．

A. 境界ルーター，ファイアウォール，プロキシーサーバー

B. ファイアウォール，プロキシーサーバー，ホスト型侵入検知システム（HIDS）

C. プロキシーサーバー，ホスト型侵入検知システム（HIDS），ファイアウォール

D. ホスト型侵入検知システム（HIDS），ファイアウォール，境界ルーター

答え：A

▶セキュリティ境界は，信頼できるネットワークと信頼できないネットワーク間の防御の最前線である．一般に，トラフィックをフィルタリングするファイアウォールとルーター，プロキシーや，不審なトラフィックを検知するための侵入検知システム（IDS）などのデバイスが含まれる．防御境界は，これらの最前線の防御デバイスだけでなく，境界ルーターなどプロアクティブな防御デバイスも含むところまで拡大しており，上流での攻撃や脅威活動を早期に発見することが可能となっている．HIDSは境界の背後

にあるホストに存在する．

9. 無線LANの主なセキュリティリスクは，次のうちどれか．
   A. 物理アクセス制御の欠如
   B. 明らかに安全でない標準
   C. 実装上の弱点
   D. ウォードライビング

答え：**A**

▶無線ネットワークを使用すると，ユーザーはLANに接続したまま移動することができる．残念ながら，これにより，許可されていないユーザーでもLANにより容易にアクセスできるようになる．事実，多くの無線LANは，ワイヤレスカードを挿入したラップトップを持っている人なら誰でも，組織の所有地からアクセスすることができ，物理的な制御のないLANが拡張されてしまうことになる．

10. パスベクター型ルーティングプロトコルは，次のうちどれか．
   A. RIP
   B. EIGRP
   C. OSPF/IS-IS
   D. BGP

答え：**D**

▶パスベクター型プロトコルは，動的に更新される経路情報を維持する，コンピュータネットワークルーティングプロトコルである．ネットワークをループして同じノードに戻った更新は容易に検出され，破棄される．これは，距離ベクター型ルーティングおよびリンクステート型ルーティングとは異なる．ルーティングテーブルの各エントリーには，宛先ネットワーク，次のルーター，および宛先に到達する経路が含まれる．BGPはパスベクター型プロトコルの一種である．BGPでは，ルーティングテーブルは，宛先システムに到達するために，横断的な自律システムを構成する．IPv4ルーティングプロトコルは，次のように分類される．

- RIPv1（レガシー）：IGP，距離ベクター，クラスフルプロトコル
- IGRP（レガシー）：IGP，距離ベクター，Cisco Systems社が開発したクラスフルプロトコル
- RIPv2：IGP，距離ベクター，クラスレスプロトコル
- EIGRP：IGP，距離ベクター，Cisco Systems社が開発したクラスレスプロトコル
- OSPF：IGP，リンクステート，クラスレスプロトコル

- IS-IS：IGP，リンクステート，クラスレスプロトコル
- BGP：EGP，パスベクター，クラスレスプロトコル

11. IPSecについて述べているものはどれか.
    A. 認証と暗号化のメカニズムを提供する.
    B. 否認防止のメカニズムを提供する.
    C. IPv6とともにのみ導入される.
    D. サーバーに対するクライアント認証だけが行われる.

答え：**A**

▶IPセキュリティ（IPSec）は，認証と暗号化のメカニズムを提供することにより，IPで安全に通信するための一連のプロトコルである．標準のIPSecは，互いにホストだけを認証する.

12. セキュリティイベント管理（SEM）サービスが実行する機能は，次のうちどれか.
    A. アーカイブのためにファイアウォールログを収集する
    B. 疑わしい活動を調査するためにセキュリティデバイスやアプリケーションサーバーからのログを収集する
    C. ユーザーのシステム認証と物理アクセス許可とを突合するために，サーバーと物理エントリーポイントのアクセス制御ログをレビューする
    D. セキュリティ会議およびセミナーの調整ソフトウェア

答え：**B**

▶SEM/SEIMシステムは，幅広い，異なったアプリケーションやネットワーク要素（ルーター／スイッチ）のログとフォーマットを理解する必要がある．これらのログを1つのデータベースに統合し，単一のログファイルの観察では不正であるという結論に至らない，許可されていない動作に対してヒントを探すために，イベントの相関関係に着目する.

13. DNS（Domain Name System）の主な弱点は次のどれか.
    A. サーバーの認証が欠けているため，レコードの真正性が失われる.
    B. レイテンシーの問題．レコードが期限切れになってからリフレッシュされるまでの間にレコードを挿入できる.
    C. 単一のリレーショナルデータベースではなく，シンプルで分散した階層型データベースであることから，一定の時間，不一致が検出されなくなる可能性がある.
    D. DNSアドレスがデジタル署名されていないために，電子メール内のアドレスはDNSでアドレスの妥当性をチェックせずになりすまされてしまうという事実.

答え：A

▶ 認証することは提案されているが，より強力な認証をDNSに導入しようとする試みは，広く受け入れられていない．認証サービスは上位のプロトコル層に委譲されている．真正性を保証する必要があるアプリケーションは，DNSに依存することはできず，自身でソリューションを実装する必要がある．

14. オープンメールリレーに関する以下の説明のうち，誤っているものはどれか．

A. オープンメールリレーは，自分が扱うドメイン以外のドメインからの電子メールを転送するサーバーである．

B. オープンメールリレーは，スパムを配布するための主要なツールである．

C. オープンメールリレーのブラックリストを使用すると，電子メール管理者がオープンメールリレーを特定し，スパムをフィルターする安全な方法が提供される．

D. オープンメールリレーは，悪いシステム管理の証拠として広く考えられている．

答え：C

▶ スパムフィルタリングの指標としてブラックリストを使用することにはメリットがあるが，それを唯一の指標として使用するのは危険である．リストは一般的に，民間の組織や個人により，それぞれのルールに従って運営されており，そのポリシーは思い付きで変更することができ，何らかの理由で突然消滅する可能性もあり，リストを運用する方法についての責任はほとんど負わない．

15. ボットネットの特性について述べているものは，次のうちどれか．

A. 内部通信専用のネットワーク

B. 企業ネットワーク向けの自動セキュリティ警告ツール

C. 不正な理由のためにリモートから制御される，分散し，侵害されたマシンのグループ

D. ウイルスの一種

答え：C

▶「ボット」と「ボットネット」は，侵害したシステムを不正にリモートコントロールする，最も狡猾な実装である．それらのマシンは本質的に，インターネット上の闇の組織により事実上制御されるゾンビであると言える．

16. 災害復旧テストでは，顧客からの支払いを受けるために複数の請求担当者を一時的に立てる必要がある．これは，可能であればセキュリティ対策が実施されて

いる無線ネットワーク上で行う必要があると判断されている．このシナリオで使用する必要があるのは，次のうちどれか．

A. WPA2，SSID有効，および802.11n

B. WEP，SSID有効，および802.11b

C. WEP，SSID無効，および802.11g

D. WPA2，SSID無効，および802.11a

答え：D

▶ WPA2は，Wi-Fi無線ネットワークでよく使用されるセキュリティ技術である．WPA2（Wi-Fi Protected Access II）は，2006年以来，認定されたすべてのWi-Fiハードウェア上の元のWPA技術を置き換え，データ暗号化用のIEEE 802.11i技術標準に基づいている．WEPの代わりにWPAが使用された．WEPは，実装上の問題が多数あるため，ワイヤレスシステムのセキュアなプロトコルとはみなされない．SSIDを無効にすると，ユーザーがWAPに接続するためには，リストから選択するのではなく，正確なSSIDを知っている必要があるため，ソリューションのセキュリティがさらに強化される．

17. 2本のツイストペア銅線で上りも下りも1.544Mbpsの速度で伝送するのは，xDSLの種類のうち次のどれか．

A. HDSL

B. SDSL

C. ADSL

D. VDSL

答え：A

▶ HDSL（High-Bit-Rate Digital Subscriber Line：高ビットレートデジタル加入者線）．4つのDSL技術のうちの1つである．HDSLは2本のツイストペア銅線でそれぞれ1.544Mbpsの帯域幅を提供する．HDSLはT1回線の速度を提供するため，電話会社は可能な限りHDSLを使用して，T1サービスへのローカルアクセスを提供する．HDSLの運用範囲は3,658.5m（12,000フィート）に制限されているため，サービスを拡張するために信号リピーターが利用される．HDSLには2本のツイストペアが必要である．そのため，主にPBXネットワーク接続，デジタルループキャリアシステム，中継POP，インターネットサーバー，およびプライベートデータネットワークに使用される．

18. 相当量の電磁放射と電力の変動を伴う重工業エリアで新しいネットワークが必要になったとする．トラフィックの劣化がほとんど許容されないこうした環境では，どのメディアが最も適しているか．

A. 同軸ケーブル

B. 無線

C. シールド付きツイストペア

D. 光ファイバー

答え：D

▶光ファイバーは光を利用するため，電磁波と電源の歪みには影響されない．同軸ケーブル，無線およびシールド付きツイストペアは電磁気の原理に基づいて動作するため，電磁干渉の影響を受けやすい．

19. 産業制御システムで使用されるModbusなどのマルチレイヤープロトコルについて述べているものはどれか．

A. 多くの場合，IPv6のような独自の暗号化とセキュリティ機能がある．

B. ルーティングインターフェースの制御用として，最新のルーターで使用されている．

C. 今日のIPネットワーク上でネイティブに動作するように設計されていないため，その性質上安全ではない．

D. 大部分が廃止され，IPv6やNetBIOSなどの新しいプロトコルに置き換えられた．

答え：C

▶産業制御システムおよびそのマルチレイヤープロトコルは，それらを初期に実装した際の設計のままであり，安全と言うことができない．制御システムの予想寿命を考えると，多くのものが，そもそも安全でない設計，プロトコル，および構成で使用されていることになる．

20. フレームリレーとX.25ネットワークは，以下のうちどれに含まれるか．

A. 回線交換サービス

B. セル交換サービス

C. パケット交換サービス

D. 専用デジタルサービス

答え：C

▶パケット交換技術には次のものがある．

- X.25
- LAPB（Link Access Procedure-Balanced：平衡型リンクアクセス手順）
- フレームリレー
- SMDS（Switched Multimegabit Data Service）
- ATM（Asynchronous Transfer Mode：非同期転送モード）
- VoIP（Voice over IP）

1. 認証とは何か.
   A. 人またはシステムに関する一意のアイデンティティを断定すること.
   B. ユーザーのアイデンティティを検証するためのプロセス.
   C. ユーザーが必要とする特定のリソースを定義し，ユーザーが持つリソースへのアクセスの種類を決定すること.
   D. ユーザーがシステムにアクセスする必要があることを，管理者が断定すること.

答え：B

▶識別は，個人またはシステムの一意のアイデンティティ（ID）の表明であり，すべてのアクセス制御の出発点となる．適切な識別がなければ，適切な制御を誰にどのように適用するかを決定することは不可能である．識別は，すべての活動と制御が特定のユーザーまたはエンティティのIDに関連付けられているため，アクセス制御を適用する上で重要な第一歩となる．
認証とは，ユーザーのアイデンティティを検証するプロセスである．ユーザーがアクセスを要求し，ユニークなユーザー識別情報を提示する際には，ユーザーはそのユーザーだけが持っている，または知っているいくつかの個人データセットを提供する．アイデンティティとそのユーザーのみが知る情報，あるいは，そのユーザーのみが所有している情報の組み合わせにより，ユーザーアイデンティティが，期待されたエンティティ（例えば，人）によって使用されていることを検証することができる．これにより，ユーザーとシステムの間の信頼が確立され，特権の割り当てが行われることになる．
認可はプロセスの最終ステップである．ユーザーが識別されて適切に認証されると，ユーザーがアクセスできるリソースを定義して監視する必要がある．認可は，ユーザーが必要とする特定のリソースを定義し，ユーザーが持つ可能性のあるリソースへのアクセスの種類を決定するプロセスである．

2. アクセス制御を最もよく表現しているものは次のどれか.
   A. アクセス制御は，認可されたユーザー，システムおよびアプリケーションにアクセスを許可する技術コントロールの集まりである.
   B. アクセス制御は，認可されていない活動を減らし，情報とシステムへのアクセスを承認されたユーザーにのみ提供することによって，脅威や脆弱性に対する保護を提供する.
   C. アクセス制御は，ログオン時に認証情報を保護するための暗号化ソリューションを採用している.

D.　アクセス制御は，従業員，パートナーおよび顧客によるシステムおよび情報への不正アクセスを制御することにより，脆弱性に対する保護を提供する.

答え：**B**

▶アクセス制御は，組織の資産を保護するために連携するメカニズムの集合である．認可されていない活動を減らし，情報とシステムへのアクセスを承認されたユーザーにのみ提供することによって，脅威や脆弱性から保護する.

3.　_____は，ユーザーまたはプロセスに割り当てられた機能を実行するために必要なリソースにのみアクセスすることを要求する.

A.　任意アクセス制御

B.　職務の分離

C.　最小特権

D.　職務のローテーション

答え：**C**

▶最小特権の原則は，セキュリティ目標を満たすためのアクセス制御の最も基本的な項目の1つである．最小特権では，ジョブ，タスク，または機能を実行するために必要とされる以上に，ユーザーまたはプロセスにアクセス権が与えられていないことが必要である.

4.　アクセス制御の7つの主なカテゴリーは何か.

A.　検知，是正，監視，ログ収集，復旧，分類，指示

B.　指示，抑止，防止，検知，是正，補償，復旧

C.　認可，識別，要素，是正，特権，検知，指示

D.　識別，認証，認可，検知，是正，復旧，指示

答え：**B**

▶アクセス制御の7つの主なカテゴリーは，指示，抑止，補償，防止，検知，是正，復旧である.

5.　アクセス制御の3つのタイプは何か.

A.　管理，物理，技術

B.　識別，認証，認可

C.　強制，任意，最小特権

D.　アクセス，管理，監視

答え：**A**

▶いずれのアクセス制御カテゴリーでも，カテゴリー内のコントロールは，

管理コントロール，技術(論理)コントロール，および物理コントロールという3つの方法のいずれかで実装できる．

6. バイオメトリック識別システムにおける障害の種類はどれか(**該当するすべてを選択**)．

A. 本人拒否

B. フォールスポジティブ

C. 他人受入

D. フォールスネガティブ

答え：**A | C**

▶バイオメトリック識別には，次の2つのタイプの障害がある．

- **本人拒否**(False Rejection)＝正当なユーザーを認識できない．バイオメトリックスにより保護された区域をもっと安全に保つ効果があるとも主張できるが，スキャナーが認識できないためアクセスを拒否される正当なユーザーは負の感情を持つ場合がある．
- **他人受入**(False Acceptance)＝あるユーザーを別のユーザーと混同したり，正当なユーザーとして偽装者を受け入れたりすることによって，誤った認識をする．

7. 2要素認証を最もよく表現しているものは次のどれか．

A. ハードトークンとスマートカード

B. ユーザー名とPIN

C. パスワードとPIN

D. PINとハードトークン

答え：**D**

▶認証には3つの基本的なタイプがある．知識(つまり，人が知っているもの)による認証，所有物(つまり，人が持っているもの)による認証，そして特性(つまり，どういう人であるか)による認証である．これらのタイプに関連する技術コントロールを「要素」と呼ぶ．知っているものはパスワードやPINであり，物理的に所有しているものはトークンフォブやスマートカードであり，どういう人であるかは通常何らかの形のバイオメトリックスである．1要素認証はこれらの要素のうちの1つを使用し，2要素認証は3要素のうちの2要素を，3要素認証は3要素のすべての組み合わせを使う．認証に複数の要素を使用することは，一般的に多要素認証と呼ばれる．

8. Kerberos認証サーバーの潜在的な脆弱性は何か．

A. 単一障害点

B. 非対称鍵の侵害

C. 動的パスワードの使用

D. 認証資格情報の寿命の制限

答え：A

▶Kerberosの使用に関連していくつかの課題がある．最初に，システム全体のセキュリティが慎重に実装されている必要がある．認証資格情報の寿命を制限することで，資格情報が再利用される脅威を最小限に抑えることができる．KDC（Key Distribution Center：鍵配布センター）は物理的に保護されている必要があり，Kerberos以外のアクティビティを許可しないように制限する必要がある．さらに重要なことに，KDCは単一障害点になる可能性があるため，バックアップ計画と継続計画によりサポートされる必要がある．

9. 強制アクセス制御では，システムがアクセスを制御し，オーナーは何を行うか．

A. 妥当性確認

B. 知る必要性

C. コンセンサス

D. 検証

答え：B

▶MACは，システムと情報オーナーとの協調的な相互作用に基づいている．システムの決定がアクセスを制御し，オーナーは知る必要性に関する制御を提供する．

10. バイオメトリックスを考慮する場合，最も重要でない問題は何か．

A. 偽造に対する対応処置

B. 技術の種類

C. ユーザーによる受け入れ

D. 信頼性と精度

答え：B

▶バイオメトリックシステムでは，アクセス制御要素に加えて，コントロール環境の完全性にとって重要な考慮事項がいくつかある．これらは，偽造に対する対応処理，データストレージ要件，ユーザーによる受け入れ，信頼性と精度，ターゲットユーザーとアプローチである．

11. バイオメトリックスの基本的な欠点はどれか．

A. 資格情報の失効処理

B. 暗号化

C. コミュニケーション

D. 配置

答え：A

▶バイオメトリックスの役割，人との密接な相互作用，収集される情報のプライバシーと機密性を考慮すると，資格情報中の物理的属性の失効処理が困難であることが問題となる．ユーザーの物理的特性に認証プロセスを結びつけると，失効や廃止のプロセスが複雑になる可能性がある．

12. ロールベースのアクセス制御とは何か．

A. 強制アクセス制御に固有となる．

B. オーナーの入力に依存しない．

C. ユーザーの職務機能に基づいている．

D. 継承により損なわれる可能性がある．

答え：C

▶ロールベースのアクセス制御（RBAC）モデルでは，ユーザーが組織内で割り当てられている役割（または機能）に基づいてアクセス制御の認可を行う．どの役割がリソースにアクセスできるかの決定は，DACのようにデータオーナーにより管理されるか，MACのようにポリシーに基づいて適用される．

13. アイデンティティ管理とは何か．

A. アクセス制御の別名

B. 多様なユーザーおよび技術環境の管理における，効率性を高めるための一連の技術とプロセス

C. ユーザー資格情報のプロビジョニングと廃止に焦点を当てた一連の技術とプロセス

D. 異種システムとの信頼関係を確立するために使用される一連の技術とプロセス

答え：B

▶アイデンティティ管理は，多種多様なユーザーや技術環境の管理において，効率性を高めるように意図された一連の技術を指すのによく利用される言葉である．

14. シングルサインオンの欠点は何か．

A. プラットフォーム間の一貫したタイムアウトの実施

B. 侵害されたパスワードにより，許可されたすべてのリソースが公開される

C. 複数のパスワードを使用して，覚えておく必要がある

D. パスワード変更制御

答え：B

▶集中型SSOシステムのより一般的な懸念の1つは，ユーザーの資格情報のすべてが単一のパスワード，つまりSSOパスワードによって保護されているという事実である．誰かがそのユーザーのSSOパスワードを解読すると，そのユーザーのすべての鍵を効率的に所有できることになる．

15. 特権管理を検討する際，以下のうちどれが間違っているか．

A. 各システム，サービスまたはアプリケーションに関連する特権，およびそれが必要な組織内の定義された役割を識別し，明確に文書化する必要がある．

B. 特権は，最小特権に基づいて管理する必要がある．ユーザー，グループまたは役割には，ジョブの実行に必要な権限のみを提供する必要がある．

C. 認可プロセスと割り当てられたすべての特権の記録を保持する必要がある．認可プロセスが完了し，妥当性が確認されるまで，特権は許可されるべきではない．

D. 断続的な職務機能に必要な特権は，職務機能に関連する通常のシステム活動の特権とは異なり，複数のユーザーアカウントに割り当てる必要がある．

答え：D

▶認可プロセスと割り当てられたすべての特権の記録を保持しなければならない．認可プロセスが完了し，妥当性が確認されるまで，特権は許可されるべきではない．断続的な職務機能に重大または特別な権限が必要な場合は，通常のシステム活動およびユーザー活動に使用されるものとは対照的に，そのようなタスクに特別に割り当てられたアカウントを使用して実行する必要がある．これにより，ユーザーの通常の作業機能に関連するアクセス特権を単に拡張するのではなく，特殊アカウントに割り当てられたアクセス特権を，特別な機能のニーズに合わせて調整することができる．

16. アイデンティティとアクセスのプロビジョニングのライフサイクルは，どのフェーズから構成されているか(**該当するすべてを選択すること**)．

A. レビュー

B. 開発

C. プロビジョニング

D. 失効

答え：A | C | D

▶このライフサイクルは，ユーザーがアクセス権を取得し，使用し，最終的に失う方法のワークフローである．以下のフェーズで構成されている．

- プロビジョニング
- レビュー
- 失効

17. ユーザーの資格を確認する際，セキュリティ専門家は何を**最も**意識する必要があるか．
    A. アイデンティティ管理と災害復旧機能
    B. ビジネスまたは組織のプロセスとアクセス集約
    C. 資格を要求しているユーザーの組織在任期間
    D. ユーザーにリソースへのアクセスを許可する自動化プロセス

答え：B

▶ビジネスと組織のプロセスとアクセス集約は，ユーザー資格の最大の懸案事項である．個人が組織内を異動するにつれ，意図的に取り消されない限りアクセス権が蓄積される．ビジネスプロセスによって，常にアクセス権の付与と失効の必要性を推進する必要がある．

18. データセンターの周囲をパトロールする警備犬は，どのタイプのコントロールになるか．
    A. 復旧
    B. 管理
    C. 論理
    D. 物理

答え：D

▶警備犬は，物理的なセキュリティのオペレーション要素である．

第6章　セキュリティ評価とテスト

1. リアルユーザーモニタリング（RUM）は，Webモニタリングのアプローチであり，
    A. Webサイトまたはアプリケーションの全ユーザーの選択されたトランザクションをキャプチャーして分析することを目指す．
    B. Webサイトまたはアプリケーションの全ユーザーのすべてのトランザクションをキャプチャーして分析することを目指す．
    C. Webサイトまたはアプリケーションの特定ユーザーのすべてのトランザクションをキャプチャーして分析することを目指す．
    D. Webサイトまたはアプリケーションの特定ユーザーの選択されたトランザクションをキャプチャーして分析することを目指す．

答え：B

▶リアルユーザーモニタリング（RUM）は，Webサイトまたはアプリケーションの全ユーザーのすべてのトランザクションをキャプチャーして，分析することを目的としたWebモニタリング手法である．RUMは，リアルユーザー測定，リアルユーザーメトリック，エンドユーザーエクスペリエンスモニタリング（EUM）とも呼ばれるパッシブモニタリングの一種で，操作中のシステムを継続的に監視するWebモニタリングサービスを使って，可用性，操作性，応答性を追跡する．RUMはサーバー側では，エンドユーザーエクスペリエンスを再構築するために，サーバー側の情報を取得する．クライアント側のRUMは，ユーザーとアプリケーションとのやり取りを直接取得する．エージェントやJavaScriptを使用することで，クライアント側のRUMは，サイトの速度とユーザー満足度を直接的に調査する．これらはアプリケーションのコンポーネント最適化についての貴重な情報を提供し，性能改善に役立っている．

2. プロアクティブな監視とも呼ばれるシンセティック性能監視では，
   A. 外部エージェントがWebアプリケーションに対してスクリプト化されたトランザクションを実行する．
   B. 内部エージェントがWebアプリケーションに対してスクリプト化されたトランザクションを実行する．
   C. 外部エージェントがWebアプリケーションに対してバッチジョブを実行する．
   D. 内部エージェントがWebアプリケーションに対してバッチジョブを実行する．

答え：A

▶プロアクティブな監視とも呼ばれるシンセティック性能監視では，外部エージェントがWebアプリケーションに対してスクリプトでトランザクションを実行する．これらのスクリプトは，ユーザーのエクスペリエンスを評価するために，一般的にユーザーが使用する手順（検索，表示，ログインおよびチェックアウト）に従っている．従来は，軽量で低レベルのエージェントを使用してシンセティック監視を行ってきたが，ページの表示時に発生するJavaScript，CSS，Ajax呼び出しを処理するために，これらのエージェントがWebブラウザーの全機能を実行することが必要になってきた．

3. セキュリティ上の脆弱性はほとんど，以下により引き起こされる（該当するすべてを選択）．
   A. 粗悪なプログラミングパターン
   B. セキュリティインフラストラクチャーの不適切な構成

C. セキュリティインフラストラクチャーの機能的なバグ

D. 文書化されたプロセスの設計上の欠陥

答え：A | B | C

▶ほとんどのセキュリティ上の脆弱性は，次の4つの理由によって発生している．

- SQLインジェクションなど，ユーザー投入データは攻撃に使われることが多いが，ユーザー投入データのチェックが不十分なままになってしまうような粗悪なプログラミングパターン
- 不十分なアクセス制御や脆弱な暗号構成などのセキュリティインフラストラクチャーの不適切な構成
- システムへのアクセスを様々な状況で適切に制限しないアクセス制御基盤など，セキュリティインフラストラクチャーの機能的なバグ
- 支払いをせずに商品を注文できるアプリケーションなど，実装プロセスの論理的な欠陥

4. セキュリティテストの方法やツールを選択する際，セキュリティ担当責任者は以下のような多くの異なることを考慮する必要がある．

A. 組織の文化と暴露の可能性

B. 現地年間頻度推定値(LAFE)および標準年間頻度推定値(SAFE)

C. スタッフのセキュリティの役割と責任

D. 攻撃面と対象としている技術

答え：D

▶セキュリティテストの方法やツールを選択する際には，セキュリティ担当責任者は以下の複数の点を考慮する必要がある．

- 攻撃面＝セキュリティテストの異なる方法により，異なる種類の脆弱性を見つけることが可能である．
- アプリケーションタイプ＝セキュリティテストの異なる方法は，適用するアプリケーションタイプによって，結果も異なる．
- 結果の品質と有用性＝セキュリティテストの手法やツールは，各々で有用性(修正の推奨など)や品質(誤検知率など)が異なる．
- 対象としている技術＝セキュリティテストのツールは通常，プログラミング言語など，対象の制限がある．複数の対象をサポートしている場合でも，すべての対象が同じレベルでサポートされていない場合もある．
- 性能と人手の利用＝様々なツールとテストでは，必要となるコンピューティング性能や人手による稼働量が異なる．

5. アプリケーションがテスト環境でテストを開始できるほどまだ十分に成熟して

いない開発フェーズにおいて，次のいずれの手法を適用できるか(該当するすべてのものを選択)．

A. 静的ソースコード分析と人手によるコードレビュー

B. 動的ソースコード分析と自動コードレビュー

C. 静的バイナリーコード分析と人手によるバイナリーレビュー

D. 動的バイナリーコード分析と静的バイナリーレビュー

答え：A | C

▶アプリケーションをテスト環境に配置できる前の開発段階では，次の手法を適用できる．

- 静的ソースコード分析および人手によるコードレビュー＝実際にアプリケーションを実行せずに脆弱性を発見するためのアプリケーションソースコードの分析．
  - 前提条件：アプリケーションソースコード
  - 利点：安全でないプログラミング，古いライブラリー，誤った構成の検出
- 静的バイナリーコード分析と人手によるバイナリーレビュー＝アプリケーションを実行せずに脆弱性を発見するコンパイル済みアプリケーション(バイナリー)の分析．一般に，これはソースコード分析に似ているが，正確に行うことが難しく，多くの場合において推奨修正事項が提供されない．

6. よいソフトウェアテストとは以下のようなものである(2つ選択)．

A. テスターとプログラマーは同じツールを使用する

B. テストはコーディングから独立している

C. 期待されるテスト結果は不明である

D. 成功したテストとは，エラーを検出したテストである

答え：B | D

▶ソフトウェアテストプロセスは，ソフトウェア製品の効果的な検査を推進するものでなければならない．有効なソフトウェアテストとは以下のようなものである．

- 期待されるテスト結果はあらかじめ定義されている．
- よいテスト項目では，エラーを検出する可能性が高くなる．
- 成功したテストとは，エラーを検出したテストである．
- コーディングから独立している．
- アプリケーション(ユーザー)とソフトウェア(プログラミング)の両方の専門知識が採用されている．
- テスターはプログラマーとは異なるツールを使用している．

- 通常の項目を調べるだけでは不十分である．
- テストレポートは，その再利用と，あとに実施するレビューにおけるテスト結果の合格／不合格状況の独立した確認を可能とする．

7. 一般的な構造的カバレッジメトリックには以下のものが含まれる（該当するすべてのものを選択）．

 A. ステートメントカバレッジ

 B. パスカバレッジ

 C. 資産カバレッジ

 D. ダイナミックカバレッジ

答え：A｜B

▶一般的な構造的カバレッジメトリックは次のとおりである．

- **ステートメントカバレッジ**（Statement Coverage）＝この基準は，各プログラムステートメントが少なくとも1回実行されるのに十分なテスト項目を必要とする．しかし，その結果だけでは，ソフトウェア製品の動作に自信を持つことはできない．
- **判断カバレッジ**（Decision Coverage）**または分岐カバレッジ**（Branch Coverage）＝この基準では，各プログラムの全判断または全分岐を実行するための十分なテスト項目が必要である．その帰結として，可能となる結果は少なくとも1回は発生する．これは，ほとんどのソフトウェア製品のカバレッジの最小レベルとみなされるが，高い完全性を求められるアプリケーションでは，判断カバレッジだけでは不十分である．
- **条件カバレッジ**（Condition Coverage）＝この基準は，すべての可能な結果を少なくとも1回引き出すためのプログラムにおける各条件を発生させるテスト項目を必要とする．複数の条件に従って決定が行われる場合に判断カバレッジとは異なるものとなる．
- **マルチコンディションカバレッジ**（Multi-Condition Coverage）＝この基準は，プログラムの条件の可能な組み合わせをすべて実行するだけのテスト項目を必要とする．
- **ループカバレッジ**（Loop Coverage）＝この基準は，初期化，一般的な実行および終了（境界）条件を対象とするすべてのプログラムループ（0回，1回，2回および多くの繰り返しで実行される）に対して，十分なテスト項目を必要とする．
- **パスカバレッジ**（Path Coverage）＝この基準は，定義されたプログラムセグメントの開始から終了まで，実行可能な各パス，基本パスなどを少なくとも1回は実行するテスト項目を必要とする．ソフトウェアプログラムによる可能なパスの数が非常に多いため，一般的にパスカバレッジは達成できない．パスカバレッジの量は通常，テスト対象のソフトウェアのリスクまたは重要性に基づいて設定される．

- **データフローカバレッジ**（Data Flow Coverage）＝この基準は，実行可能な各データフローが少なくとも1回実行されるのに十分なテスト項目を必要とする．多数のデータフローテスト戦略が利用可能である．

8. ソフトウェアテストの2つの主なテスト戦略は何か．
   A. ポジティブと動的
   B. 静的およびネガティブ
   C. 既知および再帰的
   D. ネガティブとポジティブ

答え：D

▶ソフトウェアテストには，ポジティブテストとネガティブテストという2つの主要なテスト戦略がある．

- ポジティブテストでは，アプリケーションが期待どおりに動作することを確認する．ポジティブテスト中にエラーが発生した場合，テストは失敗となる．
- ネガティブテストは，アプリケーションが無効な入力や予期しないユーザーの動作を正常に処理できることを保証する．例えば，ユーザーが数値フィールドに文字を入力しようとすると，この場合の正しい動作は，「不正なデータ型です．数字を入力してください」というメッセージの表示である．ネガティブテストの目的は，このような状況を検出し，アプリケーションがクラッシュするのを防ぐことである．さらに，ネガティブテストは，アプリケーションの品質を改善し，欠点を見つけるのに役立つ．ポジティブテストとネガティブテストとの間には決定的な違いがある．ネガティブテストでは例外事項をテストすることが期待されている．ネガティブテストの実行には，アプリケーションがユーザーの不適切な動作を正しく処理していることを示すことが期待されている．ポジティブテストとネガティブテストの両方のアプローチを組み合わせることが，一般的にはよいテスト方法と考えられている．2つを組み合わせることで，一方のテストのみを使用する場合と比較して，より高いカバレッジを提供する．

9. 情報セキュリティの継続的監視（ISCM）プログラムが確立されている理由は何か．
   A. 実装されたセキュリティコントロールによって一部入手可能な情報を用いて，ダイナミックメトリックスに従って情報を監視するため
   B. 実装されたセキュリティコントロールによって一部入手可能な情報を用

いて，事前に確立されたメトリックスに従って情報を収集するため

C. 計画されたセキュリティコントロールを通じて一部入手可能な情報を用いて，事前に確立されたメトリックスに従って情報を収集するため

D. 実装されたセキュリティコントロールによって一部入手可能な情報を用いて，テストメトリックスに従って情報分析を行うため

答え：B

▶情報セキュリティの継続的監視(ISCM)は，組織のリスクマネジメント上の決定を支援するために，情報セキュリティ，脆弱性，脅威に対する継続的な監視を維持することと定義されている．組織全体の情報セキュリティの継続的監視をサポートするための取り組みやプロセスは，技術，プロセス，手順，運用環境および人々を含む包括的なISCM戦略を定義する上級リーダーシップから始める必要がある．この戦略を以下に示す．

- 組織のリスク耐性力に対する明確な理解に基づいており，メンバーが優先順位を設定し，組織全体での一貫したリスクマネジメントに役立つ．
- すべての組織層でセキュリティ状況の有効な指標を示すメトリックスを含む．
- すべてのセキュリティコントロールの継続的な有効性を確実にする．
- 組織の任務やビジネス機能，連邦法，指令，規制，ポリシー，スタンダードやガイドラインから導き出された情報セキュリティ要件の遵守状況を検証する．
- 組織全体のIT資産によって情報が提供され，資産のセキュリティの可視性を維持するのに役立つ．
- 組織のシステムおよび運用環境の変更に関する知識とコントロールを確実にする．
- 脅威や脆弱性の認知能力を維持する．

ISCMプログラムは，事前に確立されたメトリックスに従って情報を収集し，実装済みのセキュリティコントロールに従って入手情報を利用することで行われる．組織のメンバーは，組織の各分野で適切なリスクマネジメントを行うために，定期的または必要に応じてデータを収集し，分析する．このプロセスでは，組織の中核ミッションとビジネスプロセスを支援するために，ガバナンスと戦略的ビジョンを提供する上級リーダーから個々のシステムの開発，実装，運用を行う担当者まで，組織全体が関与する．その後，リスクの低減処置を実施するか，排除するか，移転するか，受容するかについて，組織の観点から決定が行われる．

10. ISCM戦略を策定し，ISCMプログラムを実装するプロセスは，

A. 定義，分析，実装，確立，対応，レビュー，更新

B. 分析，実装，定義，確立，対応，レビュー，更新

C. 定義，確立，実装，分析，対応，レビュー，更新

D. 実装，定義，確立，分析，対応，レビュー，更新

答え：C

▶ISCM戦略を策定し，ISCMプログラムを実装するプロセスは次のとおりである．

- 資産，脆弱性の認識，最新の脅威情報およびミッションやビジネスへの影響を明確に把握したリスク耐性力に基づいてISCM戦略を定義する．
- メトリックス，状態監視頻度，コントロール評価頻度を決定するISCMプログラムを確立し，ISCM技術アーキテクチャーを確立する．
- ISCMプログラムを実装し，メトリックス，評価およびレポートに必要なセキュリティ関連情報を収集する．可能であれば，データの収集，分析，レポートを自動化する．
- 収集されたデータを分析，結果を報告し，適切な対応を決定する．既存のモニタリングデータを明確化または補足するために，追加情報を収集することが必要な場合がある．
- 技術的，管理的および運用上の低減処置，または受容，移転や共有，回避や排除など，調査結果の対応を行う．
- 監視プログラムのレビューと更新，ISCM戦略の調整，測定機能の成熟化による資産の可視化と脆弱性の認識の向上，組織の情報インフラストラクチャーのセキュリティに対するデータに基づくコントロールの実現，組織のレジリエンスの向上を行う．

11. 情報セキュリティの継続的監視（ISCM）プログラムについて議論しているNISTのドキュメントは，

A. NIST SP 800-121

B. NIST SP 800-65

C. NIST SP 800-53

D. NIST SP 800-137

答え：D

▶NIST SP 800-137「連邦情報システムおよび組織のための情報セキュリティの継続的監視（ISCM）」
http://csrc.nist.gov/publications/nistpubs/800-137/SP800-137-Final.pdf

12. サービス組織統制（SOC）レポートは，通常以下の期間をカバーする．

A. 6カ月の期間

B.　12カ月の期間

C.　18カ月の期間

D.　9カ月の期間

答え：B

▶SOCレポートは，財務報告またはガバナンスの観点から顧客の要件を満たすための何年にもわたる継続的な取り組みを含む，12カ月間のコントロールの項目と有効性を，可能な限り含めるように汎用化されている．システムやサービスが1年間稼働しない場合や，年次報告が顧客側のニーズを十分に満たしていない場合，SOCレポートは6カ月などの短い期間で提出される可能性がある．SOCレポートは，新しいシステムやサービス，またはシステムやサービスの初期審査（監査）として指定された時点のコントロールの設計のみをレポートする場合もある．

第7章　セキュリティ運用

1.　有効なIDSが機能しているが，システム監査がないことによって機密情報を窃取することができるのは，以下のうちどれが**最も**適切か．

A.　悪意あるソフトウェア（マルウェア）

B.　ハッカーまたはクラッカー

C.　不満を持つ従業員

D.　監査人

答え：C

▶内部者（従業員，請負業者など）は，許可されるべきではない情報にアクセスすることが可能で，監査（ロギング）がない場合には，気づかれることがない．暗号化は，不正な開示をコントロールすることができる．外部の攻撃者（ハッカーまたはクラッカー）の活動やマルウェアは，通常，侵入検知システム（IDS）が警告を発する．監査人は，機密情報の開示の必要性に基づき許可を得ている場合があり，このアクセスは通常監視される．

2.　特権ユーザー機能に対し，制御され，傍受されることのないインターフェースを提供するのは，次のうちどれか．

A.　リングプロテクション

B.　アンチマルウェア

C.　メンテナンスフック

D.　信頼できるパス

答え：D

▶リングプロテクションを使用して，カーネル機能とエンドユーザーコントロール間の境界制御を行うことができる．マルウェア対策ソフトウェアは，悪意あるソフトウェアから保護するために使用される．メンテナンスフックは，トラブルシューティングやほかのユーザーになりすますためにソフトウェア開発者が作ったものであるが，悪意あるソフトウェアの潜在的なバックドアとなる．信頼できるパスは，特権ユーザー機能に信頼できるインターフェースを提供し，そのパス上のすべての通信を傍受したり，破壊したりできないようにする方法を提供することを目的としている．

3. 火災発生時にデータセンターのドアが勢いよく開くが，これは，以下のうちどれに該当する例か．

A. フェイルセーフ

B. フェイルセキュア

C. フェイルプルーフ

D. フェイルクローズ

答え：A

▶フェイルセキュアの仕組みは，システムが不整合な状態にある時にアクセスをブロックするように制御することに重点を置いているのに対して，フェイルセーフの仕組みは，人員に与える被害を最小限に抑えることに重点を置いている．例えば，データセンターのドアシステムは，停電時に人員がその区域から確実に逃げられるようにするために，セキュリティを犠牲にする．フェイルセキュアなドアは，人がドアをまったく使用できないようになり，人命を危険にさらす可能性がある．フェイルオープンとフェイルクローズはフェイルセーフ機構である．

4. 冗長性とフォールトトレランスを保証するものとして，適切なものは次のうちどれか．

A. コールドスペア

B. ウォームスペア

C. ホットスペア

D. アーカイブ

答え：C

▶コールドスペアは，電源が投入されていないが，必要に応じてシステムに挿入可能な，主要コンポーネントと同等のスペアコンポーネントである．ウォームスペアは，すでにシステムに挿入されているものの，必要でない限り電源が供給されないものである．ホットスペアは，電源が入っていて，必要に応じて呼び出されるのを待っている．アーカイブは，過去の情報にアクセスするために保存されたデータバックアップである．一定の冗長性とフォールトトレランスを保証するためには，ホットスペアが最適である．

5. レジリエンスよりも速度が優先される場合，次のどのRAID構成が最も適しているか．

   A. RAID 0
   B. RAID 1
   C. RAID 5
   D. RAID 10

答え：**A**

▶ RAID 0の構成では，パリティ情報を使用せずに複数のディスクにストライプ形式でファイルを書き込む．この技術は，すべてのディスクに並行してアクセスできるため，ディスクへの高速な読み書きを可能にする．ただし，パリティ情報がないと，ハードドライブ障害から復旧することができない．この手法は冗長性を提供しないため，可用性要件の高いシステムに使用してはならない．

6. 複数の場所でレコードを更新するか，データベース全体を遠隔地にコピーすることで，フォールトトレランスと冗長性の適切なレベルを保証する手段は，次のうちどれか．

   A. データミラーリング
   B. シャドウイング
   C. バックアップ
   D. アーカイブ

答え：**B**

▶ データミラーリングは，1つのディスクへのすべての書き込みを別のディスクに複製し，2つの同一のドライブを作成するRAID技術である．データベースシャドウイングは，更新されたデータが複数の場所でシャドウイングされる手法である．これは，データベース全体を遠隔地にコピーすることに近い．バックアップは定期的に行われ，災害発生時に情報やシステムを復旧するのに役立つ．アーカイブは，過去の情報にアクセスするためであり，継続的には使用されないデータストレージである．

7. バックアップ領域がすべてのデータをバックアップするのに十分でなく，バックアップデータからの可能な限り早い復元が必要な場合．高可用性バックアップ戦略として，次のうちどれが**最適な方法**か．

   A. フルバックアップ

B. 増分バックアップ

C. 差分バックアップ

D. フルバックアップを実行できるようにバックアップ領域を増やす

答え：C

▶すべてのデータをバックアップできるほどバックアップ可能時間が長くないため，フルバックアップは不可能である．さらに，フルバックアップするためにバックアップ時間を長くすることは，時間もかかる上にストレージのコストも増加するため，可能性が低い．増分バックアップでは，前回のバックアップ以降に変更されたファイルのみがバックアップされる．差分バックアップでは，前回のフルバックアップ以降に変更されたファイルのみがバックアップされる．一般に，差分バックアップは増分バックアップよりも多くのスペースを必要とし，増分バックアップの方が高速である．一方，増分バックアップからデータを復元するには，差分バックアップよりも時間がかかる．増分バックアップから復元するには，最後のフルバックアップと，実行されたすべての増分バックアップを組み合わせる．対照的に，差分バックアップから復元するには，最後のフルバックアップと最新の差分バックアップのみが必要となる．

8. 立ち入り制限のある施設では，訪問者は身分証明書を提出するように要求され，事前に承認されたリストに照らして，警備員により入口で確認される．これは，次のどれに該当するか．

A. 最小特権

B. 職務の分離

C. フェイルセーフ

D. 心理的受容性

答え：A

▶施設へのアクセスは，最小特権の原則に従って，物理的アクセスを必要とする特定された個人に限定されるべきである．物理的システムへの頻繁な物理的アクセスを必要としない個人は，施設へのアクセス権を持つべきではない．時折アクセスが必要な場合は，一時的なアクセスを許可し，不要になった時点で取り消す．選択肢のほかの原則にも精通していることが推奨される．

9. 機密情報が重要ではなくなったが，レコード保持ポリシーで扱うべき範囲にある場合，その情報は，どのように処理するのが**最善**か．

A. 破棄される

B. 再カテゴリー化される

C. 消磁される

D. 公開される

答え：**B**

▶情報のカテゴリー化には，情報の機密ラベルを低くするためのプロセスと手順も含まれている．例えば，機密解除は，情報の機密性をダウングレードするために使用することもできる．時間の経過とともに，以前機密と考えられていた情報は，価値や重要性が低下する場合がある．このような場合，非機密情報に対して過度の保護コントロールが使用されないようにするために，機密解除の取り組みを実施すべきである．情報を機密解除すると，マーキング，取り扱い，保管に関する要件が緩和される可能性がある．タスクに割り当てられた個人が情報を使用できるようにするために，組織は，文書化されたカテゴリー化または機密解除の慣行を持つべきである．情報は依然として必要な場合があるので，破棄，消磁，削除することはできない．

10. 個人のアクセスと適性を決定するのは，以下のうちどれが**最も**適切か．

A. 職位または役職

B. セキュリティチームとのパートナーシップ

C. 役割

D. バックグラウンド調査

答え：**D**

▶役割，ジョブ，またはアクセスに関連するバックグラウンド調査は，セキュリティの問題を最小限に抑える最善の方法である．バックグラウンド調査は，個人の誠実さや公正さを保証するものではないが，組織は個人の経歴や参考情報を得ることができる．

11. 監視に必要なログだけを確実に収集する助けになるのは，次のうちどれか．

A. クリッピングレベル

B. アグリゲーション

C. XML構文解析

D. 推論

答え：**A**

▶クリッピングレベルは，必要なログのみが収集されるようにするために使用する．単一のシステムであったとしても，ログが非常に大きくなることを避けるために主に使用される．クリッピングレベルの例として，失敗したアクセス試行のみをログに記録することが挙げられる．

12. セキュリティイベント情報管理（SEIM）システムとログ管理システムの主な違いとして，SEIMシステムがログの収集，照合および分析において，次のどのような観点で有用であると考えられるか.

A. リアルタイムに分析を行う点

B. 過去情報の分析を行う点

C. 裁判所における認容性の点

D. パターンで識別する点

答え：A

▶セキュリティイベント情報管理（SEIM）ソリューションは，より効果的かつ効率的な対応を可能にするために，リアルタイムにログを収集，照合，分析する共通のプラットフォームを提供する．ログ管理システムは，ログを収集してレポートを作成する機能を備えている点で類似しているが，リアルタイム分析ではなく，過去のログ情報の分析に重点を置く傾向がある．ヒストリー機能とリアルタイム機能の両機能を持たせるために，ログ管理システムはSEIMソリューションと組み合わせることもできる．裁判所における認容性やパターン識別のための証拠収集は，リアルタイム機能ではない.

13. 一度DVD-Rに保存された機密情報が媒体に残留しないようにするためには，どの方法が最適か.

A. 削除

B. 消磁

C. 破壊

D. 上書き

答え：C

▶CDやDVDなどの光学メディアは，漏洩してしまうデータが残っていないことを確実にするために，物理的に破壊されなければならない．問題文で言及された媒体は読み取り専用媒体（1回だけ書き込み）のDVDであるため，その情報は上書きまたは削除することができない．消磁は，非光学的な磁気媒体におけるデータの残留を低減または除去することができる.

14. 根本原因を特定するだけでなく，内在する問題に対処するプロセスは，次のうちどれか.

A. インシデント管理

B. 問題管理

C. 変更管理

D. 構成管理

答え：B

▸インシデント管理は，主に悪意あるイベントの管理に関係するのに対して，問題管理は，根本原因に立ち戻ってイベントを追跡し，内在する問題に対処することに関係している．システムの完全性の維持は，変更管理のプロセスを通じて達成される．構成管理は，ハードウェアコンポーネント，ソフトウェア，および関連する設定を識別し，文書化するプロセスである．

15. 実稼働システムにソフトウェアアップデートを適用するにあたって，**最も**重要なことは何か．

A. パッチによって対処する脅威に関する情報が完全に開示されていること
B. パッチ適用プロセスが文書化されていること
C. 実稼働システムがバックアップされていること
D. 独立した第三者がパッチの妥当性を証明していること

答え：C

▸実稼働サーバーに更新プログラムを展開する前に，完全なシステムバックアップが実行されていることを確認すべきである．システム更新が原因でシステムクラッシュという残念なイベントが起きたとしても，データを大幅に失うことなくサーバーとデータを復旧することができる．さらに，更新に独自のコードが含まれていた場合，サーバーまたはアプリケーションイメージのコピーをメディアライブラリー担当者に提供すべきである．完全に開示されている情報の有無は，存在することが好ましいが，組織ごとのリスクベースの決定であり，パッチプロセスのように必須のものではない．パッチ適用プロセスの文書化は，パッチ管理プロセスの最後のステップである．独立した第三者の評価は，通常，パッチの妥当性を証明することとは無関係である．

16. コンピュータフォレンジックとは，コンピュータサイエンス，情報技術，および情報工学と次の何との融合か．

A. 法律
B. 情報システム
C. 分析的思考
D. 科学的方法

答え：A

▸フォレンジックの分野として，ここでは証拠と法制度を扱い，コンピュータサイエンス，情報技術および工学と法律のまさに融合である．

17. 犯罪において，犯人が資産を盗みながら痕跡を残している場合，調査官が犯人の刑事責任を特定できるようになるのは，どのような原則からか．

A. Meyerの法的刑事責任の原則

B. 犯罪捜査学の原則

C. IOCE/G8のコンピュータフォレンジックの原則

D. Locardの交換の原則

答え：D

▶ Locardの交換の原則では，犯罪が起きた時，加害者は必ず何かを残し，何かを取っていく，つまり，交換が起きるとする．この原則により，調査官は，純粋にデジタルの犯罪現場であっても，容疑者の特徴を特定することができる．

18. 5つの証拠規則の一部となるのは，次のうちどれか．

A. 真正であり，冗長であり，認容できるものであること

B. 完全であり，真正であり，認容できるものであること

C. 完全であり，冗長であり，真正であること

D. 冗長であり，認容でき，完全であること

答え：B

▶ より一般的には，証拠は一定の証拠価値を持ち，実際のケースに応じたものであり，以下の基準(5つの証拠規則と呼ばれる)を満たすべきである．

- 真正であること
- 正確であること
- 完全であること
- 説得力があること
- 認容できること

19. インシデントレスポンスのフェーズとして言及されていないものは，次のうちどれか．

A. 文書化

B. 訴追

C. 封じ込め

D. 調査

答え：B

▶ インシデントレスポンスとハンドリングフェーズは，トリアージ，調査，封じ込め，分析，トラッキングにさらに分けることができる．

20. 法律学者および学者の著書の影響を受けて，法律の抽象概念を**最も**強調するものは次のうちどれか．

A. 刑法

B. 民法
C. 宗教法
D. 行政法

答え：**B**

▶民法は法律の抽象概念を強調し，判例法と比較して，法律学者や学者の著書の影響をより受けやすい．

21. コンピュータフォレンジックのガイドラインとして正しいものは次のうちどれか．

A. IOCE，MOMおよびSWGDE
B. MOM，SWGDEおよびIOCE
C. IOCE，SWGDEおよびACPO
D. ACPO，MOMおよびIOCE

答え：**C**

▶インシデントレスポンスのように，様々なコンピュータフォレンジックのガイドライン（例えば，IOCE［International Organization of Computer Evidence］，SWGDE［Scientific Working Group on Digital Evidence］，ACPO［Association of Chief Police Officers］）が存在する．これらのガイドラインは，コンピュータフォレンジックのプロセスを，様々なフェーズまたはステップに分けることによって標準化している．MOMは手段（Means），機会（Opportunity），動機（Motives）を表している．

22. 以下のインシデントレスポンスサブフェーズのうち，どれがトリアージに含まれるか．

A. 収集，輸送，証言
B. トレースバック，フィードバック，ループバック
C. 検出，識別，通知
D. 機密性，完全性，可用性

答え：**C**

▶トリアージには，検出，識別，および通知のサブフェーズが含まれる．

23. フォレンジック対象のビットストリームイメージの完全性は以下により決定される．

A. ハッシュ合計を元のソースと比較すること
B. 優れた記録を保持すること
C. 写真を撮ること
D. 暗号化された鍵

答え：**A**

▶証拠の真正性と完全性を確保することが重要である．証拠またはその写し

が正確でないか，完全性に欠けていると裁判所が思う場合，証拠または証拠から得られた情報が採用されるかどうかは疑わしい．真正性と完全性を証明するための現在の手順は，あるビットが変更された際に大きく変化する，一意の数字で表したシグネチャーを生成するハッシュ関数に依存している．現在，これらのシグネチャーがオリジナルと一致する場合，またはオリジナルのものから変更されていない場合，裁判所は完全性が確立されていると判断する．

24. デジタル証拠を扱う場合，犯罪現場は，
   A. 決して変更されてはならない．
   B. 法廷で完全に再現可能でなければならない．
   C. 1つの国にのみ存在しなければならない．
   D. 証拠の汚染はできるだけ少なくしなければならない．

答え：**D**

▶ 犯罪現場で得られる証拠の重要性を考えると，証拠の破砕，汚染，破壊の量を最小限に抑えるように現場で対応する能力が必要である．現場が汚染されると，ボタンを押しても元に戻すことはできず，ダメージが確定してしまう．

25. ITシステムをアウトソーシングする場合，
   A. すべての規制要件およびコンプライアンス要件をプロバイダーに引き渡す必要がある．
   B. アウトソーシングする組織にはコンプライアンスの遵守義務がない．
   C. アウトソーシングされたITシステムには遵守義務がない．
   D. プロバイダーには遵守義務がない．

答え：**A**

▶ 妥当な注意（Due Care）に対する組織の義務は，ビジネスパートナーにまで及ぶ．

26. デジタル証拠を扱う場合，管理の連鎖は，
   A. 決して変更されてはならない．
   B. 法廷で完全に再現可能でなければならない．
   C. 1つの国にのみ存在しなければならない．
   D. 正式な文書化されたプロセスに従わなければならない．

答え：**D**

▶ 管理の連鎖（Chain of Custody）は，証拠の発生から破壊までを説明しなければならない．

27. 必要な場面でフォレンジックの適切な処置を確実にするために，インシデントレスポンスプログラムは，

A. 組織の法律顧問がプロセスの一部ではないことを保証することにより，利益相反を回避する．

B. すべてのデスクトップおよびサーバーのフォレンジックイメージを日常的に作成する．

C. 法執行機関には落着したインシデントのみを伝達する．

D. すべてのインシデントを，犯罪の可能性があるものとして扱う．

答え：D

▶インシデントは無害かもしれないが，調査の始まりである場合もある．したがって，すべてのインシデントは，問題がないことが証明されるまで，慎重に処理する必要がある．

28. ハードドライブが水没した車両から回収されたが，これは裁判所での証拠として必要である．情報をドライブから引き出す最良の対応方法はどれか．

A. ドライブが乾燥するのを待ってから，デスクトップにインストールし，通常のOSコマンドで情報を取得する．

B. ドライブをフォレンジックオーブンに入れて乾かし，消磁器を使用して湿度を除去したあと，ラップトップにドライブをインストールし，OSを使用して情報を取得する．

C. ドライブがまだ濡れているうちに，フォレンジックのビット・ツー・ビットのコピープログラムを使用して，ドライブが「ネイティブ」な状態で保持されていることを保証する．

D. データ復旧組織に連絡し，その状況を説明し，フォレンジックイメージを抽出するように要求する．

答え：D

▶重大な損傷を受けたメディアの場合，専門的なデータ復旧サービスが，復旧できる可能性が最も高い．

29. 脆弱性評価を成功させるためには，保護対象のシステムが次の点で十分に理解されていることが不可欠である．

A. 脅威の定義，ターゲットの特定と施設の特性

B. 脅威の定義，利害管理と施設の特性

C. リスクアセスメント，脅威の特定とインシデントレビュー

D. 脅威の特定，脆弱性の査定およびアクセスのレビュー

答え：A

▶最初に，よい評価をするには，セキュリティ専門家が特定の保護目標を決

定する必要がある．これらの目標には，脅威の定義，ターゲットの特定，および施設の特性が含まれる．

30. 資産または施設の周りに防御階層を作る戦略として認知されているものは，次のうちどれか．

A. セキュアな境界

B. 多層防御

C. 強化防壁

D. 合理的な資産保護

答え：B

▶多層防御の概念では，障壁は層として配置され，セキュリティのレベルは，中央または最も高い保護区域に近づくにつれてますます高くなる．複数の配置で資産を守ることで，攻撃が成功する可能性を減らすことができる．1つの防御層が機能しなくなった場合でも，うまくいけば別の防御層で攻撃を防ぐことができ，その防御層が機能しなくなっても，さらに別の防御層で攻撃を防げる．

31. 物理的保護システムを成功させるための鍵となるは，次のうちどれを統合することか．

A. 人，手順，機器

B. 技術，リスクアセスメント，人間の相互作用

C. リスクの保護，相殺，移転

D. 検出，抑止，対応

答え：A

▶システムが成功する鍵は，脅威からターゲットを防御するシステムに，人，手順，および機器を統合することである．十分に設計されたシステムは，多層防御を提供し，コンポーネントの故障による影響を最小限に抑え，バランスのとれた防御を実現する．

32. 駐車場やガレージなどの境界区域での安全上の考慮事項として，勧められる照明のレベルは次のうちどれか．

A. 3fc

B. 5fc

C. 7fc

D. 10fc

答え：B

▶CCTV監視に使用される照明は，一般に，少なくとも1～2fcの照明を必

要とするのに対して，駐車場やガレージなどの屋外区域における安全性の考慮に必要な照明はそれよりも大きい（少なくとも5fc）.

33. 地上階に沿って窓がある建物に使用される内部センサーのうち，最も適切なものはどれか.

A. 赤外線でガラス破壊を検知するセンサー

B. 超音波でガラス破壊を検知するセンサー

C. 音響／衝撃でガラス破壊を検知するセンサー

D. ボリューメトリックセンサー

答え：C

▶ガラス破壊センサーは，ガラス窓のある建物や，ガラス窓付きのドアの侵入検知装置として優れている．音響と衝撃というデュアルテクノロジーのガラス破壊センサーの使用が最も効果的である．その理由は，音響センサーだけが使用された場合，従業員が窓のブラインドを開けただけで，誤ったアラームを発する可能性があるからである．一方，2重警報システムが設定されている場合は，音響センサーと衝撃センサーの両方がアクティブになることで，初めて警報が起動される.

34. CCTVの3つの機能として，**最も**適切な組み合わせは次のうちどれか.

A. 監視，抑制，証拠資料アーカイブ

B. 侵入検知，抑止および対応

C. 光走査，赤外ビームおよび照明

D. 監視，ホワイトバランシングおよび検査

答え：A

▶セキュリティサービスとしてのCCTVシステムの使用には，監視，アセスメント，抑制，証拠資料アーカイブといったいくつかの異なる機能が含まれる.

35. 警報システムを提供する物理デバイスを保護する**最良の**手段は次のうちどれか.

A. 耐タンパー保護

B. 対象の硬化

C. セキュリティ設計

D. UL 2050

答え：A

▶耐タンパー保護とは，筐体やコンポーネントの配線監視，暗号化，または改ざん警告によって，警報システムに関連付けられた物理デバイスを保護する手段である.

1.　アプリケーションのセキュリティの重要な目的は，以下のどれを確実にすることか．

　A.　ソフトウェアがハッカーから守られていること
　B.　データの機密性，完全性，可用性
　C.　ソフトウェアとユーザー活動の説明責任
　D.　データ窃取の防止

答え：B

▶アプリケーションのセキュリティの目的は，必要な時にシステムとそのリソースが利用可能であること，データの処理とデータ自体の完全性が保証されていること，データの機密性が保護されていることを確認することである．これらの目的はすべて，安全で一貫性があり，信頼性が高く，正しく動作するソフトウェアに依存している．機密性，完全性，可用性を保証することは，ハッキング事件やデータ窃取の可能性と影響を緩和するが，ハッカーから完全に防御するソフトウェアは夢物語であると認識しなければならない．ソフトウェアの監査(ロギング)機能は，ソフトウェアとユーザー活動の検出に役立つが，これはアプリケーションセキュリティの重要な目的ではない．ソフトウェアセキュリティコントロールは，データ窃取の可能性を低減することができるが，防止的である必要性はない．

2.　アプリケーションセキュリティプログラムが組織内で有効であるために重要なことはどれか．

　A.　規制とコンプライアンスの要件を特定する．
　B.　セキュアでないプログラミングが及ぼす影響をソフトウェア開発組織に教育する．
　C.　施行可能なセキュリティポリシーを策定する．
　D.　セキュリティ脆弱性について，組織が開発したすべてのソフトウェアを適切にテストする．

答え：C

▶ソフトウェアセキュリティコントロールの根底にある基盤は，組織のセキュリティポリシーである．セキュリティポリシーは，組織のセキュリティ要件を反映している．サーベンス・オクスリー(SOX)法，PCI DSSなどの規制およびコンプライアンス要件の特定は必須であり，セキュリティポリシーに含める必要がある．セキュリティ要件が何であるかを正しく理解し，セキュリティポリシーを定義しないと，ソフトウェア開発チームの教育が不十分な状態になる可能性がある．セキュリティ脆弱性の診断はある程度のソフトウェア保証を提供することができるが，ソフトウェアに対する新しく発見された種類の攻撃に対しては，セキュリティテストはアプリケーションセキュリティプログラムが有効であることを直接担保しない．

3. 「コンピュータメモリー内のデータとプログラミング表現の間に，特別な違いはない」と述べているのは，以下のアーキテクチャーのうちどれか．これはインジェクション攻撃につながり，データを命令として実行することが特徴である．

    A. von Neumann
    B. Linusの法則
    C. Clark-Wilson
    D. Bell-LaPadula

答え：**A**

▶von Neumannアーキテクチャーの基本的な特徴の1つは，コンピュータのメモリー上で，データとプログラミングとの間に特別な違いがないことである．したがって，パターン`4Eh(01001110)`が，文字“N”か，デクリメントオペコードかを判断することはできない．同様に，パターン`72h(01110010)`は，文字“r”か，“`jump if below`”オペコードの最初のバイトであるかもしれない．

4. バイトコードの重要な特徴はどれか．

    A. サンドボックス化により本質的に安全性が向上した．
    B. 自動的にメモリー操作を管理する．
    C. リバースエンジニアリングが難しい．
    D. インタープリター型言語よりも速い．

答え：**D**

▶Javaのようなプログラミング言語は，ソースコードをバイトコードと呼ばれる一種の擬似オブジェクトコードにコンパイルする．バイトコードは，CPUを実行するためのインタープリター（Java仮想マシンまたはJVMと呼ばれる）によって処理される．バイトコードはオブジェクトコードにかなり近いため，この処理は，ほかのインタープリター型言語よりもはるかに高速である．バイトコードはまだ解釈を必要とするので，JavaプログラムはJVMを持つマシン上で実行される．メモリー管理とサンドボックスは，プログラミング言語Javaに対して重要なセキュリティの側面を持つが，バイトコード自体には及ばない．擬似オブジェクト（バイトコード）を容易にリバースエンジニアリングできるかどうかについては議論の余地があり，結論は出ていない．バイトコードはソースコードの擬似オブジェクト表現であるため，ソースコードの逆作成は，実際には，オブジェクトや実行可能コードからよりも難しくはない.

5. システムのセキュリティポリシーに違反するような方法で，共有リソースにおいて同時に競合する2つの協調プロセスは，一般的に何と呼ばれるか.

A. 隠れチャネル

B. サービス拒否

C. オーバートチャネル

D. オブジェクトの再利用

答え：**A**

▶隠れチャネルまたは閉じ込め問題は，情報フローの問題である．これは，2つの協調プロセスが，システムのセキュリティポリシーに違反するような方法で情報を転送するための通信チャネルである．隠れチャネルには，ストレージとタイミングという2つのタイプがある．隠れストレージチャネルは，1つのプロセスによる記憶場所の直接的または間接的な読み取りと，別のプロセスによる同じ記憶場所の直接的または間接的な読み取りが含まれる．通常，隠れストレージチャネルには，異なるセキュリティレベルを持つ2つのサブジェクトによって共有されるディスク上のメモリーロケーションまたはセクターなどの有限リソースが含まれる．このシナリオは，隠れストレージチャネルの説明である．隠れタイミングチャネルは，ほかのプロセスがCPU，メモリー，またはI/Oデバイスなどのリソースにアクセスする速度に影響を与えることができるかどうかに依存する．本来のあり方（オーバートチャネル）とは対照的に，隠れチャネルはサービス拒否につながり，別のプロセスがメモリー上のオブジェクトを再利用する場合は，オブジェクトの再利用において漏洩の防止が必要である.

6. ある組織には，訪問者が名前と組織に関するコメントを入力できる，ゲストブック機能を備えたWebサイトがある．ゲストブックのWebページが読み込まれると，“You've been P0wnd”というメッセージが表示されるメッセージボックスが現れ，続いて別のWebサイトにリダイレクトされる．分析の結果，入力の妥当性確認や出力エンコーディングがWebアプリケーションで実行されていないことがわかっている．これは，次のうちどの種類の攻撃の基礎となるか.

A. サービス拒否

B. クロスサイトスクリプティング（XSS）

C. 悪意あるファイルの実行

D. インジェクションの欠陥

答え：**B**

▶例えば，ゲストブックのコメントページやブログなど，ほかのユーザーがあとで検索できるようにするためにユーザーが情報を入力できるサイトでは，入力の妥当性確認を適切に行わないと，入力情報がアクティブスクリプトを含んでいることを検出できない可能性がある．出力値の適切なエンコーディングを行わなければ，スクリプトはブラウザーによって読み込まれて実行され，サービス拒否（Webサイトの改変）やその他の深刻な影響を引き起こす可能性がある．これは，クロスサイトスクリプティング攻撃の基礎になる．

7. 強制や正当なエンティティへのなりすましによって個人や組織に関する機密情報を漏洩させるために，人々に影響を与えることは何と呼ばれるか．

A. ゴミ箱あさり

B. ショルダーサーフィン

C. フィッシング

D. ソーシャルエンジニアリング

答え：D

▶ソーシャルエンジニアリングは，人がほかの人たちに「親切に」しようとすることを利用して，あるいは脅迫によって，機密情報を漏洩させようとする方法である．フィッシング詐欺は，電子メールなどの電子的手段を使用したソーシャルエンジニアリングの一形態である．ショルダーサーフィンは，攻撃者が誰かの肩越しに，被害者が見ている機密情報を読み取って情報を得ようとする攻撃である．情報のマスキング（パスワードをアスタリスクにする）は，ショルダーサーフィンのリスクを低減することができる．ゴミ箱あさりは，機密情報を収集するためにゴミ箱をあさる別のタイプの攻撃である．

8. ある組織のサーバー監査ログに，午前中に解雇された従業員が，午後になっても社内ネットワークのシステム上にある特定の機密リソースにアクセスできていたことが示されている．ログには，従業員が解雇される前に正常にログオンしており，かつ解雇前にログオフした記録がないことが示されている．これは，次のうちどのタイプの攻撃の例か．

A. TOC/TOU

B. 論理爆弾

C. リモートアクセス型トロイの木馬（RAT）

D. フィッシング

答え：A

▶TOC/TOUは，システムのセキュリティ機能が変数の内容をチェックする時間と，操作中に変数が実際に使用される時間との間に，一部の制御が変更された場合に発生する攻撃のタイプである．例えば，ユーザーが午前中にシステムにログオンし，その後解雇されたとする．その結果，セキュリティ管理者はユーザーをユーザーデータベースから削除する．しかし，ユーザーはログオフしていないため，システムにはまだアクセス可能であり，アクセスしようとする可能性がある．論理爆弾は，休止状態で動作し，特定の条件または条件のセットを監視し，それらの条件の下でペイロードをアクティブにするように設定されたソフトウェアモジュールである．リモートアクセス型トロイの木馬は，システムがインストールされ，動作したあと，通常リモートからインストールされるように設計された悪意あるプログラムである．フィッシング詐欺は，ID盗難詐欺に使える情報をユーザーに提供させようとする．

9. バッファーオーバーフロー攻撃に対する最も効果的な防御は次のうちどれか．
   A. クエリーの動的作成の禁止
   B. 境界チェック
   C. 出力のエンコード
   D. 強制ガベージコレクション

答え：**B**

▶バッファーオーバーフローは，割り当てられたバッファーに格納できるデータ量よりも多くのデータをプログラムが格納すると発生する．プログラムがバッファーの終わりを越えて書き込みを開始すると，プログラムの実行パスを変更したり，オペレーティングシステム自体が使用する領域にデータを書き込んだりすることができる．バッファーオーバーフローは，プログラムへの入力に対する境界チェックが不適切な（または欠落した）場合に引き起こされる．許容される入力サイズの境界をチェックすることにより，バッファーオーバーフローは低減できる．クエリーの動的作成を禁止することは，インジェクション攻撃に対する防御であり，出力のエンコーディングはスクリプト攻撃を低減する．メモリー内の使われていないオブジェクト（ガベージ）の収集は要求可能であるが，バッファーオーバーフロー攻撃の低減に役立つ適切なメモリー管理のために絶対必要と言うものではない．バッファーオーバーフローに対する最も効果的な防御は，境界チェックと適切なエラーチェックである．

10. ソフトウェア開発プロジェクトにおいて，どの段階でセキュリティ活動を行うことが非常に重要であるか．
   A. プロジェクトが遅れないように，本番リリースの前
   B. ソフトウェアに脆弱性が検出された場合

C. ライフサイクルの各段階
D. 経営陣が命じた時

答え：C

▸セキュリティ活動は，プロジェクトの開始活動と並行して，実際にはプロジェクト全体のあらゆる作業と並行して行われるべきである．

11. ソフトウェア保証（SwA）は，一般的な調達プロセスの主要なフェーズで構成することができる．主なフェーズは次のうちどれか．

A. 計画，契約，監視と受け入れ，継続
B. 契約，計画，監視と受け入れ，継続
C. 計画，契約，監視と認証，継続
D. 計画，契約，監視と認定，継続

答え：A

▸SwAは，一般的な調達プロセスの主要フェーズで体系化することができる．主なフェーズは次のとおりである．

1. **計画フェーズ**（Planning Phase）＝このフェーズは以下から始まる．
   a. ソフトウェアサービスまたは製品の調達を決定する必要がある．さらに，潜在的な代替ソフトウェアアプローチを特定し，その代替案に関連するリスクを特定する．この活動のあとに続くのは以下である．
   b. ワークステートメントに含めるソフトウェア要件の作成．
   c. 様々なソフトウェア調達戦略に伴うリスクの特定を含む，調達戦略および／または調達計画の作成．
   d. 評価基準と評価計画の作成．
2. **契約フェーズ**（Contracting Phase）＝このフェーズには以下の3つの主要な活動が含まれる．
   a. ワークステートメント，提案者への指示，契約条件（受け入れ条件を含む），事前資格検査についての考察，認証を含む提案書またはRFP（提案依頼書）の作成または発行．
   b. 要請書またはRFPへの回答として提出されたサプライヤーの提案書の評価．
   c. 契約条件の変更や契約の決定を含め，契約交渉をまとめる．契約条件，認証，決定のための評価要素，ワークステートメントに記載されたリスク低減要件によって，ソフトウェアのリスクは対処・低減される．
3. **監視と受け入れフェーズ**（Monitoring and Acceptance Phase）＝このフェーズでは，サプライヤーの作業を監視し，契約に基づいて提供される最終的なサービスまたは製品を受け入れる．このフェーズには3つの主要な活動が含まれる．

a．　契約作業スケジュールの確立と同意．

b．　変更（または設定）コントロール手順の実装．

c．　ソフトウェア成果物のレビューと受け入れ．監視と受け入れフェーズでは，ソフトウェアリスクマネジメントおよび保証ケースの成果物を評価して，契約要件に記載されているとおりに，同意されたリスク低減戦略が遵守されているかを判断する必要がある．

4.　**継続**（Follow-on）＝このフェーズでは，ソフトウェアの保守が必要である（プロセスはしばしば維持と呼ばれる）．このフェーズには2つの主要な活動が含まれる．

a．　維持（リスクマネジメント，保証ケース管理，変更管理を含む）．

b．　廃棄または廃止．継続フェーズでは，ソフトウェアリスクは保証ケースの継続的な分析を通じて管理されなければならず，変化するリスクを低減するために調整される必要がある．

12. プログラマーが本番コードにアクセスできないようにすることで職務の分離を確実にし，強制することができるのは，次のうちだれか．

A.　オペレーション担当者

B.　ソフトウェアライブラリー担当者

C.　経営陣

D.　品質保証担当者

答え：B

▶ソフトウェアライブラリー担当者は，プログラムやデータライブラリーがポリシーと手順に従って管理されていることを保証する．

13. セキュリティ要件が満たされていることを保証するための技術的評価は，次のうちどれか．

A.　認定

B.　認証

C.　妥当性確認

D.　検証

答え：B

▶認証とは，ソフトウェアまたはシステムのセキュリティ状況を，あらかじめ定められた一連のセキュリティ基準またはポリシーと照らし合わせて評価するプロセスである．経営陣は，認証書をレビューしたあと，特定の環境下で，特定の期間，実稼働状況下でソフトウェアまたはシステムを実装する権限を与える．経営陣による承認は認定と呼ばれる．

14. 欠陥の除去よりむしろ欠陥の防止は，どのソフトウェア開発手法の特徴であるか．

A. コンピュータ支援ソフトウェアエンジニアリング（CASE）

B. スパイラル

C. ウォーターフォール

D. クリーンルーム

答え：**D**

▶クリーンルームのソフトウェア開発手法は，作ってから問題を見つけるのではなく，最初からコードを正しく書くことを目標とする．本質的に，その手法は，欠陥の除去ではなく，欠陥を作らないことに重点を置いている．ウォーターフォールの手法は非常に構造化されており，その重要な特徴は，場当たり的な範囲の拡大を防ぐために，各フェーズ（ステージ）を次のステージに進める前に完了しなければならないということである．スパイラルモデルの特徴は，ウォーターフォールの各フェーズに，一般的なDeming PDCA（Plan-Do-Check-Act）モデルに基づく4つのサブステージ――特に，リスクアセスメントレビュー（チェック）――があることである．CASEは，コンピュータとコンピュータユーティリティを使用して，ソフトウェアの体系的な分析，設計，開発，実装，および保守を支援する技法である．

15. 署名されていない信頼できないコードがシステムリソースへのアクセスを制限されているセキュリティ保護メカニズムは次のうちどれか．

A. サンドボックス

B. 否認防止

C. 職務の分離

D. 難読化

答え：**A**

▶モバイルコードのコントロールメカニズムの1つがサンドボックスである．サンドボックスはプログラムを実行するための保護領域を提供する．プログラムが消費できるメモリーとプロセッサーリソースの量は制限されている．プログラムがこれらの制限を超えると，Webブラウザーはプロセスを終了し，エラーコードを記録する．これにより，ブラウザーのパフォーマンスの安全性が保証される．否認防止は，ユーザーまたはプロセスがそのアクションを否認できないセキュリティコントロールメカニズムである．職務の分離は，単一のユーザーまたはプロセスによってセキュリティポリシーが違反されないようにすることである．難読化とは，リバースエンジニアリングや知的財産の問題に対する保護として，ソースコードを読むことができず，理解できないようにするプロセスである．

16. 自分自身を複製せず，正当なアクションを実行するふりをして，一方で，バックグラウンドで悪意ある操作を実行するプログラムは，次のうちどれの特徴か．

A. ワーム

B. トラップドア

C. ウイルス

D. トロイの木馬

答え：D

▶トロイの木馬は，別の望ましくないアクションを実行しながら，1つのことを実行するふりをするプログラムである．トロイの木馬は，拡散するためにワームやウイルスのように自分自身を複製しない．トラップドアやバックドアは，アクセス制御手段をバイパスする隠されたメカニズムである．これは，プログラムの開発中にプログラマーがソフトウェアに挿入したプログラムへの入口であり，アクセス制御メカニズムが誤動作してロックアウトした場合に，プログラムを修正するためにプログラムにアクセスする方法を提供する．開発者は，それらをメンテナンスフックと呼ぶことが多い．

17. ユーザーの銀行口座から少額を奪い，攻撃者の銀行口座に移す策略は，次のうちどの攻撃の一例か．

A. ソーシャルエンジニアリング

B. サラミ詐欺

C. いたずら

D. デマウイルス

答え：B

▶論理爆弾の概念の変種として，サラミ詐欺と呼ばれるものがある．基本的な考え方は，多数の取引を通じて，特定の口座に少額のお金(あるやり方では，1セント未満)を入金するというものである．いたずらはコンピュータ文化の一部であり，「愚かなMac(またはPCやWindows)のトリック」と呼ばれる商用のジョークパッケージを誰でも購入して，実行することができる．デマウイルスは，重要な新しい情報を最初に人に教えたいという人間の心理を利用し，人々のコミュニケーション意欲や緊急性と重要性に頼るという，奇妙な種類のソーシャルエンジニアリングを利用している．

18. データベース内のデータの機密性を保護するロールベースのアクセス制御は，次のうちどれで実現できるか．

A. ビュー

B. 暗号化

C. ハッシュ

D. マスキング

答え：A

▶ビューは，データベース内の仮想テーブルを可能にする機能である．これらの仮想テーブルは，データベース内の1つ以上の実テーブルから作成される．例えば，システム上のユーザー(またはユーザーのグループ)ごとにビューを設定して，ユーザーがこれらの仮想テーブル(またはビュー)のみを表示できるようにすることができる．暗号化，ハッシュ，およびマスキングもすべて機密性を提供するが，データベースの場合は，コンテンツに依存するアクセス制御メカニズムであるビューベースのアクセス制御が最善の答えである．

19. 完全に異なる非機密情報を含むデータベースに対する最も危険な種類の攻撃の組み合わせは，次のうちどれか．

A. インジェクションとスクリプティング

B. セッションハイジャックとCookieポイズニング

C. 集約と推論

D. 認証バイパスと安全でない暗号化

答え：C

▶集約は，別々のソースからの機密性の低いデータを結合して，機密性の高い情報を作成する能力である．例えば，ユーザーが2つ以上の機密ではないデータを取り出し，それらを組み合わせて機密データを作り出した場合，結果的にそのユーザーは不正アクセスしたことになる．つまり，結合されたデータの機密性は，個々のデータの機密性よりも高くなる可能性がある．推論とは，利用可能な情報を観察することで，機密情報や制限された情報を推測(推論)する能力である．ユーザーは元来，アクセスが許されていないデータに直接アクセスすることなく，アクセス可能な情報から，アクセスが許されていない情報を判断できることがある．例えば，ユーザーが，処方された薬など，患者に関する情報の閲覧を許可されている場合，ユーザーはその患者の病気を判定することができる．推論は，制御するのが最も困難な脅威の1つである．ほかの攻撃はすべて，主にWebアプリケーションに対する攻撃である．

20. DBMS技術において，ユーザーが定義した完全性制約に違反しない，有効または正当なトランザクションのみを保証する特性は，次のうちどれか．

A. 原子性

B. 一貫性
C. 独立性
D. 永続性

答え：B

▶原子性，一貫性，独立性，永続性を表すACIDテストは，重要なDBMSのコンセプトである．

- 原子性とは，トランザクション実行のすべての部分がすべてコミットされるか，ロールバックされるか——つまり，すべてを行うか，まったく行わないか——である．基本的には，すべての変更が有効になるか，まったく変更されないかである．
- 一貫性は，データベースがある有効な状態から別の有効な状態になることである．トランザクションは，ユーザーが定義した完全性制約に従う場合にのみ許可される．不正なトランザクションは許可されず，完全性制約を満たすことができない場合，トランザクションは以前の有効な状態にロールバックされ，トランザクションが失敗したことがユーザーに通知される．
- 独立性は，トランザクションが完了するまで，そのトランザクションの結果がほかのトランザクションには見えないことを保証するプロセスである．
- 永続性は，完了したトランザクションの結果が永続的であり，将来のシステムおよび媒体の障害に耐えられることを保証する．つまり，いったん完了すれば，元に戻すことはできない．これはトランザクションの永続性に似ている．

21. エキスパートシステムを構成するのは，モデル化された人間の経験を含むナレッジベースと，次のうちのどれか．

A. 推論エンジン
B. 統計モデル
C. ニューラルネットワーク
D. ロール

答え：A

▶エキスパートシステムでは，ナレッジベース（特定の問題に関するすべてのデータまたは知識の集合）と，知識および入力データから新しい事実を推測する，一連のアルゴリズムやルールを使用する．ナレッジベースは，組織に存在する人間の経験に基づく場合もある．システムが一連のルールに基づいて応答するため，ルールに問題がある場合は応答にも問題が発生する．また，実行時は人間の判断が除かれているため，エラーが発生した場合，人間からの反応時間は長くなる．

22. セッションハイジャックや中間者（MITM）攻撃に対する最善の防御策は，ソフトウェアを開発する際に，次のうちのどれを行うことか．

A. ユニークでランダムな識別子

B. プリペアードステートメントとプロシージャーの使用

C. データベースビュー

D. 暗号化

答え：A

▶ プリペアードステートメントとプロシージャーは，SQLインジェクションから保護する．データベースビューは，不正な変更を防止する．暗号化は情報の機密性を保護するが，セッションハイジャックから保護することはできない．ユニークでランダムな識別子は，次の識別子が何であるかという攻撃者の推測に対抗することができる．

付録B　第1章 資料

以下のテンプレートとフォームは第1章「セキュリティとリスクマネジメント」で参照されており，その内容は次のとおりである．

- リスクアセスメント用テンプレート
- 潜在的侵害報告用フォーム
- 侵害登録用テンプレート
- リスクマネジメントログプロシージャー
- リスクマネジメント計画

この付録の資料は，以下のリンクから無償でダウンロードできる．

https://japan.isc2.org/content/cissp-textbook-appendices.zip

リスクアセスメント用テンプレート

ステップ1：リスク特定	ステップ2：リスクアセスメント		ステップ3：リスクマネジメント				
起こりうるリスクのリスト	可能性 H/M/L	影響 H/M/L	すでに実施済みの施策 （低減要因）	今後さらに実施しうる施策	タイム スケール	責任者	レビュー実施後の リスクレベル

レビュー実施日	
レビュー責任者・グループ	

潜在的侵害報告用フォーム

事業部門		報告者	
特定者		特定日	

PART1

潜在的侵害の概要	
潜在的侵害の評価 （非常に低い，低い，中くらい，高い，非常に高い）	
評価の正当性 （評価の論理的根拠を記述）	
侵害調査チームのメンバー	
侵害調査対応時間	
業務執行幹部が承認した評価	

PART2

侵害調査	
内部調査 （内部調査の結果を記述）	
法的または外部の助言 （弁護士や外部顧問との対話や助言の内容を記述）	
結論 （侵害が確認されたかどうか）	
最終的な侵害評価	
初期評価日時点の解決措置 （進行中のプロセス改善も含む）	
導入済みの措置	未導入の措置
幹部によるレビューと承認	
侵害終結実施者：（侵害登録の更新を含む） 侵害終結日：	
レビュー・承認実施者： レビュー実施日：	

付録B

第1章 資料

侵害登録用テンプレート

（責任を持っている当事者の名前を記入）はこの侵害登録が自己のものであることを認め，侵害に関する情報の出典を明らかにするために潜在的侵害報告用フォームを使用する．この登録は，確認がとれた侵害に対してのみ使用される．

侵害発見日	侵害発生日	侵害についての説明	責任者	侵害を特定した方法	侵害処理に対するプロセスと責任	侵害是正・終結日

リスクマネジメントログプロシージャー

文書改訂履歴

バージョン番号	日付	説明

はじめに

リスクマネジメントログは組織全体のリスクの特定，マネジメント，順位付けに役立つように作る必要がある．以下の内容はワークシートに含まれる項目の種類であり，リスクマネジメントワークシートがそのあとに続く．

一般的なリスク

一般的なリスクとは，特定の日付に関係なく発生する可能性のあるリスクである．

特定のリスク

特定のリスクとは，特定の日付に関係して発生する可能性のあるリスクである．

番号

各リスクには識別用の通し番号が割り振られる．項番の例を挙げると，「一般的なリスク」に対して1，2...，「特定のリスク」に対して1，2...となる．

リスク／脅威

リスクの特定は，組織に影響を与える可能性のあるリスクの判定と，そうしたリスクの特徴の記録から構成される．組織の内部・外部領域の両方に対するリスクを対象とすべきである．内部のリスクはセキュリティ専門家が直接コントロール可能なものであり，外部のリスクはセキュリティ専門家の影響が直接及ばない領域で発生するものである．

事業優先度

事業優先度の決定は次の表を用いることで簡素化できる．大半の組織はこの表をそのまま使えるが，特定の組織や事業部門の必要に応じて変更を加えてもよい．

<table>
<tr><th colspan="3">リスクカテゴリーの説明</th><th rowspan="2">影響</th><th rowspan="2">発生確率</th><th rowspan="2">リスク露出度
(ランク)</th></tr>
<tr><th>カテゴリー</th><th>レベル</th><th>値</th></tr>
<tr><td rowspan="3">リソース</td><td>高</td><td>3</td><td rowspan="6">リスクが特定された状況に対するセキュリティ専門家の評価</td><td>ほぼ確実に発生する:70%超の確率</td><td rowspan="6">影響×発生確率
=ランク</td></tr>
<tr><td>中</td><td>2</td><td>発生しうる:30～70%の確率</td></tr>
<tr><td>低</td><td>1</td><td>発生しそうにない:30%未満の確率</td></tr>
<tr><td rowspan="3">スケジュール</td><td>高</td><td>3</td><td>ほぼ確実に発生する:70%超の確率</td></tr>
<tr><td>中</td><td>2</td><td>発生しうる:30～70%の確率</td></tr>
<tr><td>低</td><td>1</td><td>発生しそうにない:30%未満の確率</td></tr>
</table>

リスクカテゴリー

リスクカテゴリーは，対処しているリスクの影響の種類を特定する．

▶影響

前述の表の予想される影響に従って，ワークシートの影響の欄に値を記入する．

▶発生確率

前述の表の予想される発生確率に従って，ワークシートの発生確率の欄に値を記入する．

▶リスク露出度(ランク)

リスク露出度もしくはランクは影響と発生確率の積によって決定する．その数字が大きければ大きいほどリスクが高い．

リスクマネジメント戦略

▶低減策

リスクの発生を防ぐために遂行できる低減策を記入する．例えば，誕生日パーティを控えてピザを購入する際，ピザを受け取りたい時刻にピザを確保したいとする．そのためには，前日にピザ屋に電話をして，注文と受け取り時刻を確認しておく．

▶緊急時対応

緊急時対応計画は，あるリスクが特定された結果作られるもので，特定されたリスクが実際に発生した場合に実行に移すことのできる，事前に定義された行動計画である．例えば，ピザ屋に電話をして注文と受け取り時刻を確認しておいたにも関わらず，着いてみたらピザ屋が閉まっていた．その場合の緊急時対応計画は，小売店に行って冷凍ピザを買い，温めてパーティへ持っていくことである．

▶トリガー

トリガーとは，リスクが問題へと変わる時に発生するイベントである．

▶条件

リスクが問題へと変わる要因となるイベントを記入する．

▶日付

条件が発生する日付を記入する．

▶スケジュール

トリガーが発生するスケジュールの行番号を記入する（トリガータスクはすでにスケジュールに含まれている）．

▶対応策

リスクが発生した場合に実行される対応策を特定する．

▶状況

リスクに関する状況の簡単な説明を記入する．

<組織名>

リスクマネジメント計画

文書改訂履歴

バージョン番号	日付	説明

ステートメント

組織がリスクを特定し，追跡する目的と重要性を記述する．

目的

リスクマネジメント計画の目的を宣言する．

役割と責任

リスクマネジメントプロセスにおける参加者全員の役割と責任を，次のような表を使って記述する．

プロセスタスク名	システムサポートスタッフ	ITマネージャー	ユーザー	プロジェクトマネージャー	プロジェクトチーム	運営委員会	エグゼクティブスポンサー

リスクプロセス

リスクマネジメントプロセスの各段階を記述し，プロセスの略図を作成する．

リスクマネジメントワークシート

プロジェクト全体にわたってリスクの評価やコントロールに役立つよう，**リスクマネジメントログ**を利用する．ログを完成させるための支援として**リスクマネジメントログプロシージャー**を利用する．

付録C 第2章 資料

「記録保持と破棄とセキュリティアプローチ」のポリシーに関する以下のサンプルは，第２章「資産のセキュリティ」で参照されている．この付録の資料は，以下のリンクから無償でダウンロードできる．

https://japan.isc2.org/content/cissp-textbook-appendices.zip

記録の保持と破棄のポリシー

「X社」は，企業の契約ファイルおよび管理ファイルが重要な資産であることを認識している．同社は適用される州法および連邦法に従って，記録の保持および破棄のためのポリシーを正式な書面により確立している．このポリシーの遵守は，すべての従業員にとって必須となる．

▶契約ファイル

契約ファイルは，本ポリシーにおいて，契約に関連するすべての記録，企業が提供するサービスの基礎をなす作業用紙やその他の文書を含むものと定義されている．例えば，適用された手続き，得られた証拠，契約の結論が反映されたすべての文書などが該当する．このポリシーは，企業のニーズに適切に対処し，職種および規制当局によって確立された現行の規制要件を満たすために，以下に示すカテゴリーにより，契約ファイルの文書保持要件を個別に扱うこととする．

▶監査／レビュー／編集サービス

「X社」は，以下の2つの基準を満たす監査，レビュー，または編集の終了後，5年間，監査，レビュー，または編集に関連するすべての記録（電子記録を含む）を保持することとする．

1．記録とは，監査，レビュー，または編集に関連して作成，送信，または受信されたものである．

そして

2．記録には，結論，意見，分析，および監査，レビューまたは編集に関連する財務データ，または最終的な結論，意見，分析と矛盾する重要な情報（例えば，専門的判断の重大な相違，または財務諸表や最終的な結論に対して材料となる重要な問題に関する意見の相違）を含むものとする．

このサブセクションのための記録には，財務諸表の取り引きの基礎となる作業書類およびその他の文書が含まれる．通信，その他の上記の両方の基準を満たす文書および記録を提出する必要がある．

上記の特定の基準を満たさないすべての文書（ハードコピーか電子版かを問わない）は本質的とはみなされず，このポリシーに従い，保持する必要はないというのが「X社」の立場である．しかし，この規則の例外として，以下を考慮している．

- 最終的な結論，意見，または分析と矛盾するすべての重要な情報（例えば，専門的判断の重大な相違，または財務諸表や最終的な結論に対して材料となる重要な問題に関する意見の相違)は，本質的かつ実質的であるとみなされるため，このポリシーに従い，保持されなければならない．

一般的に保持基準を満たしておらず，契約の完了時に破棄すべきアイテムの例は次のとおりである．ただし，このリストは包括的なものではない．

- 覚え書き，財務諸表，または規制上の提出書類の代わりとなる草案
- 不完全または予備的思考を反映する覚え書き，財務諸表，または規制上の提出書類の代替草案に関する注記
- 重複した文書
- クライアント記録のコピー（クライアント記録に監査または企業が適用したほかの手順の証拠が含まれている場合を除く）
- レビューノート
- 予定表リスト(完了済み)
- 通常のビジネス／ラーニングプロセスや不完全な情報やデータに基づく暫定的な見解から生じる誤植やその他の軽微な誤りを含む文書
- ボイスメールメッセージ(会社の専門サービスを記録またはサポートするすべての重要なボイスメールメッセージは，このポリシーの条件に従ってファイル化し，保持するメモとして文書化する必要がある)

このセクションに記載されている規則の適用に関連して生じる疑義は，契約担当のパートナーに直ちに言及されるべきである．品質管理パートナーは，このポリシーの例外を承認する必要がある．

▶その他のサービス(税金およびコンサルティングサービスを含む)

「X社」は，サービス完了後の5年間，その従業員が行ったサービスとその従業員により提供された実質的な情報を反映するために十分な記録(ハードコピーか電子版かを問わない)を保持する．このサブセクションのための記録は，最終的な作業書類およびその他の文書を意味し，対応書簡やクライアントレコードの写しなど，合理的な人物によりサービスを理解するために必要な情報と，契約に関して「X社」に提供された実質的な情報を対象とするが，会社の請求記録は含まないものとする．

▶管理ファイル

すべての管理されているファイル(請求および回収活動，買掛金，ローン，リース，固定資産および人員ファイルを含むが，これに限定されない)は，そのようなアイテムの現在の法的または規制上の要件を満たして維持されることが会社の方針である．特定の目的のためにエグゼクティブアシスタントが決定し，品質管理パートナーの承認を得ている場合は，現在の法的，

規制上の要件を超えて維持することがある.

▶ **物理的なセキュリティ**

すべてのハードコピーファイル，電子ファイル，コンピュータハードウェア，ソフトウェア，データ，および文書を誤用，盗難，不正アクセス，および環境上の危険から保護するための会社の規程となる．そのため，「X社」は，物理的なセキュリティを確保するために，ハードコピーフォームと電子フォームの両方で管理を行い情報の保護を実施している.

▶ **ハードコピーフォーム**

- 「X社」は，オンサイトでハードコピーのクライアントファイルをすべてファイルキャビネットに保管する．ファイルキャビネットへのアクセスは，許可されている従業員に制限されている.
- エグゼクティブアシスタントは，必要に応じてファイルを容易に見つけ取得できるようにするための手続きを確立する責任がある.

▶ **電子フォーム**

「X社」は，許可なくデータを破棄，改変，開示するリスクを最小限に抑えるために，電子ファイルのバックアップ手順を確立している．これらの手順には，以下のものが含まれるが，これらに限定されない.

- 情報技術パートナーは，Info Secure社（123 NE. Chapman Street., Blue Bird, WI 94837）によって管理されているオフサイトバックアップ施設に，すべてのデータファイルを，毎日確実にバックアップすることに関して責任を負うこととする.
- 情報技術パートナーは，ファイル保存に使用されているすべてのソフトウェアアプリケーション（更新されたり，置き換えられたりしたものもすべて含む）が保持または使用可能であり，このポリシーに記載されている保持期間の間，電子ファイルに引き続きアクセスできるように保証する責任を負うこととする.

「X社」のコンピュータシステムに保存されたデータの機密性と完全性を維持するために，アクセス制御が確立されている．アクセスは，各従業員の特定の職務に応じて適切に制限されている．情報技術パートナーは，アクセス制御の管理責任を負い，適用される監督者／パートナーからの書面による要請に基づき，すべての追加，削除，および変更が適切に処理されるようにする．従業員は，「X社」のコンピュータネットワークシステムに対して個別のアクセスコードとパスワードを持つことになる．これらのシステムには常に会社からアクセスでき，情報技術パートナーはアクセスコードとパスワードの完全なリストを安全な場所に保管する．従業員は，ほかの従業員に属するアクセスコードとパスワードの不正使用を禁止されている.

▶機密保持

クライアントに関連するすべての文書および記録は，適用法に準拠する限り，「X社」の所有となり所有権を保持している．すべてのオリジナル文書はクライアントの所有物であり，要求時または契約終了時にクライアントに返却する必要がある．クライアントに関する文書および記録は秘密であり，クライアントからの書面による許可なく，または法律で要求されている場合を除き，開示することはできない．「X社」の全従業員は，顧客情報に関するプライバシーを維持するように保証しなければならない．

会社の規模と複雑さ，顧客に提供するプロフェッショナルサービスの性質と範囲，および収集する情報の機密性を考慮して，「X社」は，このポリシーを遵守することが，連邦取引委員会のセーフガード規則（www.ftc.gov/privacy/glbact）に基づく現行の規制要件を満たすと判断している．

▶記録の破棄

品質管理パートナーは，記録，ファイル，および電子データの破棄に関するポリシーの遵守を確実にする責任がある．このポリシーの発効日以降に発行されるすべての委任契約書には，「X社」の適用可能な記録保持期間に関する条項を含めることが，会社としてのポリシーとなる．サンプルについては，「添付資料A」を参照すること．このポリシーの発効日以前の契約，または記録保持ポリシーに対処する条項を持たない委任契約については，エグゼクティブアシスタントは，現在のクライアントまたは過去のクライアントに連絡して，記録の破棄に関する意思に関して合理的な交渉を行うこととする．通知が，顧客の最後の既知の住所宛てに郵便を使って前払いで郵送されている場合，実際に受け取ったか否かに関わらず，合理的であるとみなされるものとする．「X社」は，「添付資料B」に記載されている保持期間に基づいて，すべての記録，ファイル，および破棄の対象となる電子データの棚卸しを毎年実施することとする．エグゼクティブアシスタントは，記録を実際に破棄する前に，品質管理パートナーとレビューを実施し，承認を得るものとする．

保留中の規制調査，懲戒処分，法的措置がある場合，または規制機関の意図による法的なクレームに関する問い合わせがある場合は，本ポリシーで特定されている保持期間に関係なく，いかなる記録，ファイルまたは電子データも破棄されることはない．

役割と責任

品質管理パートナー	・このセキュリティポリシーを実施する. ・規制要件への遵守を確保するために，必要に応じて，毎年このポリシーをレビューおよび更新する. ・必要に応じて，このポリシーの例外を承認し，文書化する.
パートナー	・このセキュリティポリシーを実施する. ・規制要件への遵守を確保するために，必要に応じて，毎年このポリシーをレビューおよび更新する.
契約パートナー／マネージャー	・このポリシーの条件に従って，必要なすべての文書(電子記録を含む)がクライアントの契約の終了時に維持されるようにする責任がある. ・必要に応じて，このポリシーに従って保持する必要のないすべての文書が，クライアントの契約の終了時に適切に破棄されることを，ほかの担当者と確認する.
エグゼクティブアシスタント	・すべての管理ファイル(人事書類および給与計算記録を含むが，これらに限定されない)の法的要件および規制要件を維持し，毎年更新する. ・このポリシーの条件に従って，ファイリング手順を確立し，維持し，セキュリティ違反を防止するためにアクセスを適切に制限する責任を負う. ・記録，ファイル，電子データの破棄に関するこのポリシーの遵守を確保する責任がある. ・必要に応じて，ポリシーおよび更新情報を従業員に通知する.
情報技術パートナー	・このポリシーの条件に従って，すべての電子ファイルのバックアップ手順が確実に実行されていることを確認する. ・企業のコンピュータシステムに保存されているデータの機密性と完全性を，すべての法的要件および規制要件に従って保護および維持するために，適切なアクセス制御が維持されていることを確認する.
マネージャー／監督者／シニア	・すべての要員がこのポリシーを認識し，遵守していることを確認する. ・すべての従業員がこのポリシーを遵守するという合理的な保証を提供するように設計された適切な業績基準，管理プラクティス，および手順を策定し，適用する.
すべての従業員と独立した請負業者	・常にこのポリシーに従う.

従業員は，このポリシーの違反を知った場合，直属の監督者または経営幹部に通知しなければならない．このポリシーに違反した従業員は，懲戒処分を受け雇用が終了する可能性がある.

添付資料A

▶記録保持に関する委任契約書の条項のサンプル

この契約に関連する記録を5年間保持することが弊社のポリシーである．ただし，「X社」は元の顧客記録を保持しないため，この契約に基づいて提供されたサービスの完了時に顧客記録を貴社に返却することとする．記録が貴社に返却された場合，将来使用する可能性（政府または規制当局による潜在的な検査を含む）に備えて，記録を保持し，保護することは，貴社の責任となる．下記の署名により，貴社は，5年の期間が満了した時点で，「X社」がこの契約に関連する記録を自由に破棄することを認め，同意するものとする．

添付資料B

▶記録保持期間―契約ファイル

	保持期間	
	現在のクライアント	過去のクライアント
課金ファイル	5年	5年
対応ファイル	5年	5年
監査／レビュー／編集ステートメントとレポート	5年	5年
税金還付	5年	5年
特別レポート	5年	5年

作業書類ファイル		
監査／レビュー／編集作業書類	5年	5年
税金還付作業書類	5年	5年
その他すべてのサービス	5年	5年
恒久的／繰越ファイル（監査／レビュー／編集サービス）	永続的	5年
恒久的／繰越ファイル（その他のサービス）	永続的	5年

注：クライアントがいつでも過去のクライアントになる場合は，過去のクライアント保持ポリシーが有効になる．現在のクライアントとして返却された場合，現在のクライアントの保持手順がその時点から有効になる．

<プロジェクト名>

セキュリティアプローチ

バージョン番号：<1.0>

発行日：<日付>

Notes to the Author
作成者への注意

- 角括弧で囲まれたゴシック体のテキスト([**テキスト**])は，ドキュメント作成者に対する指示か，このドキュメントに含まれるコンテンツの意図，前提条件，および文脈に関する説明となる．
- 山括弧で囲まれたゴシック体のテキスト(**<テキスト>**)は，特定のプロジェクトに固有の情報で置き換えられるフィールドである．
- 特定のプロジェクトに適切に使用または変更できる用語とフォーマットの定型的な例は，通常のテキストと表で示す．

このテンプレートを使用する場合，次の推奨手順を参照すること．

1. 山括弧で囲まれたすべてのテキスト(**<プロジェクト名>**など)を正しいフィールド文書値に置き換える．これらの山括弧は，ドキュメントの本文，およびヘッダー，フッターの両方に表示される．Microsoft Wordのフィールド(選択すると灰色の背景が表示される)をカスタマイズするには，[ファイル]-> [プロパティ] -> [要約]を選択し，[要約]タブおよび[カスタム]タブの該当フィールドに入力する．

[OK]をクリックしてダイアログボックスを閉じたあと，[編集] -> [すべてを選択](または[Ctrl] + [A])を選択して[F9]キーを押し，ドキュメント全体のすべてのフィールドを更新する．各フィールドを個別に更新するには，そのフィールドをクリックして[F9]キーを押す．

これらのアクションは，ドキュメントの「ヘッダー」と「フッター」に含まれるすべてのフィールドに対して個別に実行する必要がある．

2. 特定のプロジェクトに適した定型文を変更する．
3. ドキュメントに新しいセクションを追加するには，適切なヘッダーと本文のスタイルが維持されていることを確認する．「セクション見出し」に使用されるスタイルは「見出し1」，「見出し2」，「見出し3」である．定型テキストに使用されるスタイルは「本文テキスト」である．
4. 「目次」を更新するには，「目次」を右クリックして[更新フィールド]を選択し，[テーブル全体を更新]を選択する．
5. このドキュメントの最初の草案を提出する前に，この指示セクション「作成者への注意」とすべての指示について，ドキュメント全体を通して削除すること．

バージョン履歴

［セキュリティアプローチの開発と配布をどのように管理し，追跡するかについての情報を提供する．下の表を使用して，バージョン番号，バージョンを実装する作成者，バージョンの日付，バージョンを承認するユーザーの名前，特定のバージョンが承認された日付，および改訂バージョンを作成する理由の簡単な説明を記述する．］

バージョン番号	作成者	更新日	承認者	承認日	更新内容
1.0	<作成者名前>	<日付>	<名前>	<日付>	<更新した内容説明>

目次

1 はじめに

1.1 セキュリティアプローチの目的

プロジェクトのセキュリティアプローチを定義することで，ビジネス要件からチームメンバーやコンポーネントまで，セキュリティコントロールを実装するまでの見通しが提供される．これにより，システムセキュリティの実装，認証，認定に関する明確な責任を文書化し，セキュリティベースのほかの開発活動およびプロジェクト管理活動への影響を伝達するためのフレームワークを提供する．このセキュリティアプローチは，セキュリティの観点から，**<プロジェクト名>**プロジェクトに関連するシステムがどのように特徴づけられ，カテゴリー化され，管理されるかを定義する．

2 セキュリティアプローチ

2.1 プロセスの概要

［セキュリティアプローチを確立するために必要なステップを要約する.］

プロジェクトマネージャーは，セキュリティチームと協力し，システムのFIPS 199カテゴリー化の予備評価を作成し，提案されたプロジェクト目標を使用して，ITシステムを開発中にセキュリティを確保するための以下のアプローチを定義した．このアプローチは，セキュリティに関する考慮事項が，プロジェクトのライフサイクル全体にわたる要件分析やリスクマネジメントなどの重要なプロセスと効果的に統合されるようにすることを目指している．また，システムの分類と境界の定義の早期評価は，プロジェクトのライフサイクルの後半で，開発および認定の取り組みを容易にするために適切に考慮されている．

2.2 セキュリティアプローチの概要

［システム全体のアプローチを要約する．この記述には，システムの境界がどのように定義されているか，開発または変更されるシステムの相対的な成熟度，システムの相互接続および依存性を導く決定が反映されている必要がある．内部と外部の既存のシステムとの関係は，このシステムの全体的なセキュリティにどのようにアプローチするかを決定するために重要となる．各システムのセキュリティマネージャーを特定し，プロセスの早期に認定機関の認証を得ることで，開発と継続的なメンテナンスの両方がコスト効率が高く効果があることが保証される.］

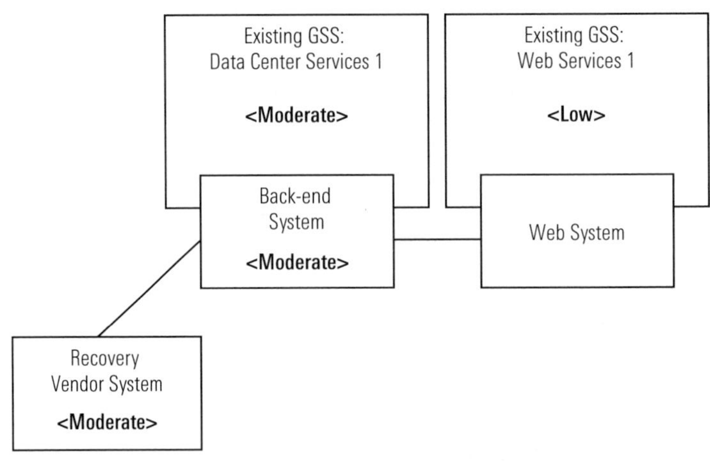

<FIPS 199のカテゴリー化と相互接続の暫定ハイレベル図>

3 チームメンバー

3.1 認証および認定チーム

プロジェクトにおける役割	名前
最高情報責任者(CIO)	<名前>
情報システムオーナー	<名前>
シニア情報セキュリティ責任者	<名前>
最高情報セキュリティ責任者(CISO)	<名前>
公認者	<名前>

3.2 セキュリティチーム

[このセクションのセキュリティ関係者を定義する．名前，役割，連絡先を含める.]

名前	プロジェクトにおける役割	セキュリティ
<名前>	システムセキュリティマネージャー	<責任範囲内のシステム名(該当する場合)>
	開発者	
	セキュリティクリティカルパートナー	
	C&A機関	

4　システムのカテゴリー化

4.1 コアシステム

説明＝**＜システム名＞**は，開発中の新しいシステムである．［システムの目的を記述する］．

セキュリティマネージャー＝［このシステムのセキュリティマネージャーを特定する］

特性＝**＜システム名＞**は，**＜GSS，MA，またはその他＞**として特徴づけられる．

カテゴリー化＝FIPS 199の影響の推定値に基づいて，このシステムは**＜LOW，MODERATE，またはHIGH＞**として暫定的に定義されている．

境界＝［どのレベルのセキュリティサービスまたはコンポーネントをシステムの一部に含めるべきかを高レベルで説明する］

依存関係＝［GSSまたはMAから継承されるセキュリティサービスまたはコンポーネントの説明］

相互接続＝［データ共有，事業継続，またはバックアップのために確立されたほかのシステムの相互接続の説明］

4.2 サブシステム

説明＝**＜システム名＞**は，開発中の新しいシステムである．**＜システムの目的を記述する＞**．

セキュリティマネージャー＝［このシステムのセキュリティマネージャーを特定する］

特性＝**＜システム名＞**は，**＜GSS，MA，またはその他＞**として特徴づけられる．

カテゴリー化＝FIPS 199の影響の推定値に基づいて，このシステムは**＜LOW，MODERATE，またはHIGH＞**として暫定的に定義されている．

境界＝［どのレベルのセキュリティサービスまたはコンポーネントをシステムの一部に含めるべきかを高レベルで説明する］

依存関係＝［GSSまたはMAから継承されるセキュリティサービスまたはコンポーネントの説明］

相互接続＝［データ共有，事業継続，またはバックアップのために確立されたほかのシステムの相互接続の説明］

4.3 相互接続されたシステム

説明＝**＜システム名＞**は，開発中の新しいシステムである．**＜システムの目的を記述する＞**．

セキュリティ連絡先＝［このシステムの連絡先情報を含める］

相互接続＝［データ共有，事業継続，またはバックアップのために確立されたほかのシステムの相互接続の説明］

5 プログラム的な活動

［このセクションを使用して，全体的なセキュリティアプローチをサポートする管理および管理活動を定義する．これには，トレーニング，構成管理，リスクマネジメント，コミュニケーション計画などの活動が含まれる．］

5.1 チームトレーニング

［セキュリティに関する具体的なトレーニングの概略を記述する．開発活動に適用されるデータベースまたは開発者トレーニングを含める．特定の動作規則や，チームメンバーが教育を受ける必要がある特別なセキュリティ上の考慮事項を含めることとする．］

5.2 要件管理

各システムのベースラインセキュリティ要件は，**<フルネットワークパスの場所>**にある**<プロジェクト管理または要件管理の文書名>**に記載されている要件管理プロセスに統合されている．

5.3 構成管理

各システムのベースラインセキュリティ要件は，**<フルネットワークパスの場所>**にある**<プロジェクト管理または構成管理の文書名>**に記載されている構成管理プロセスに統合されている．

5.4 リスクマネジメント

各システムのベースラインセキュリティ要件は，**<フルネットワークパスの場所>**にある**<プロジェクト管理またはリスクマネジメントの文書名>**に記載されているリスクマネジメントプロセスに統合されている．

5.5 変更管理

各システムのベースラインセキュリティ要件は，**<フルネットワークパスの場所>**にある**<プロジェクト管理または変更管理の文書名>**に記載されている変更管理プロセスに統合されている．

付録A：セキュリティアプローチの承認

署名者は，**<プロジェクト名>**セキュリティアプローチをレビューし，この文書に記載されている情報に同意したことを認める．このセキュリティアプローチの変更は，署名者または指定された代理人と調整され，承認される．

［署名が必要な個人をリストアップする．リストアップする個人の例は，ビジネスオーナー，プロジェクトマネージャー（特定されている場合），指定承認機関，および適切な利害関係者となる．必要に応じて行を追加する．］

署名：＿＿＿＿＿＿＿＿＿＿＿＿＿＿＿＿ 日付：＿＿＿＿＿＿
氏名：＿＿＿＿＿＿＿＿＿＿＿＿＿＿＿＿
職名：＿＿＿＿＿＿＿＿＿＿＿＿＿＿＿＿
役割：＿＿＿＿＿＿＿＿＿＿＿＿＿＿＿＿

署名：＿＿＿＿＿＿＿＿＿＿＿＿＿＿＿＿ 日付：＿＿＿＿＿＿
氏名：＿＿＿＿＿＿＿＿＿＿＿＿＿＿＿＿
職名：＿＿＿＿＿＿＿＿＿＿＿＿＿＿＿＿
役割：＿＿＿＿＿＿＿＿＿＿＿＿＿＿＿＿

署名：＿＿＿＿＿＿＿＿＿＿＿＿＿＿＿＿ 日付：＿＿＿＿＿＿
氏名：＿＿＿＿＿＿＿＿＿＿＿＿＿＿＿＿
職名：＿＿＿＿＿＿＿＿＿＿＿＿＿＿＿＿
役割：＿＿＿＿＿＿＿＿＿＿＿＿＿＿＿＿

付録B：参考文献

［この文書で参照されるすべての文書の名前，バージョン番号，説明，および物理的な場所を挿入する．必要に応じて，表に行を追加する．］

次の表は，この文書で参照されている文書をまとめたものである．

文書名	説明	場所
<文書名とバージョン番号>	<文書の説明>	<文書が配置されているURL またはネットワークパス>

付録C：主要用語

次の表は，この文書に記載されている内容に関連する用語および頭字語の定義および説明を示している．

用語	定義
<用語の挿入>	<この文書で使用されている用語および頭字語の定義を記述する>

付録D：関連文書

- FIPS 199「連邦政府の情報および情報システムに対するセキュリティカテゴリー化基準」(Standards for Security Categorization of Federal Information and Information Systems)
- FIPS 200「連邦政府の情報および情報システムに対する最低限のセキュリティ要求事項」(Minimum Security Requirements for Federal Information and Information Systems)
- SP 800-18「連邦政府情報システムのためのセキュリティ計画作成ガイド」(Guide for Developing Security Plans for Federal Information Systems)
- SP 800-30「ITシステムのリスクマネジメントガイド」(Risk Management Guide for Information Technology Systems)
- SP 800-37「連邦政府情報システムに対するリスクマネジメントフレームワーク適用ガイド」(Guide for the Security Certification and Accreditation of Federal Information Systems)
- SP 800-53「連邦政府情報システムにおける推奨セキュリティコントロール」(Recommended Security Controls for Federal Information Systems)
- Draft SP 800-53A「連邦政府情報システムにおけるセキュリティコントロールのアセスメントガイド」(Guide for Assessing the Security Controls in Federal Information Systems)
- SP 800-55「ITシステムのセキュリティメトリックスガイド」(Security Metrics Guide for Information Technology Systems)
- SP 800-60「情報および情報システムの種類とセキュリティカテゴリーのマッピングガイド」(Guide for Mapping Types of Information and Information Systems to Security Categories)
- SP 800-70「IT製品のためのセキュリティ設定チェックリストプログラム：チェックリスト利用者と開発者のための手引き」(Security Configuration Checklists Program for IT Products: Guidance for Checklists Users and Developers)
- SP 800-100「情報セキュリティハンドブック：管理者へのガイド」(Information Security Handbook: A Guide for Managers)

付録D 第3章 資料

モバイル機器のセキュリティポリシーに関する以下の例は，第3章「セキュリティエンジニアリング」で参照されている．この付録の資料は，以下のリンクから無償でダウンロードできる．

https://japan.isc2.org/content/cissp-textbook-appendices.zip

モバイル機器のセキュリティポリシーの例

▸ このポリシーの使用

今日のIT部門が直面している課題の1つは，スマートフォンやタブレットコンピュータなどの個人所有のモバイル機器と企業所有のモバイル機器の両方を保護することである．このポリシーの例は，モバイル機器のセキュリティポリシーを実装または更新する組織のガイドラインとして機能することを目的としている．

あなたのニーズやリスクに対する姿勢に応じて，必要な部分に情報を調整，削除，追加すること．これは包括的なポリシーではなく，あなた自身のポリシーの基礎となることを意図した実用的なテンプレートである．

▸ このポリシーの背景

このポリシーは，モバイル機器を保護するためのフレームワークを提供し，ITおよびデータセキュリティに関する組織の姿勢をサポートするほかのポリシーに関連付ける必要がある．

ポリシーの例

1. はじめに

スマートフォンやタブレットコンピュータなどのモバイル機器は，組織にとって重要なツールであり，その使用はビジネス目標を達成するためにサポートされている．

ただし，モバイル機器は，適切なセキュリティアプリケーションおよび手順が適用されないと，組織のデータおよびITインフラストラクチャーへの不正アクセスのための道筋になる可能性があるため，情報セキュリティおよびデータセキュリティにとって重大なリスクとなる．これはその後，データ漏洩およびシステム感染につながる可能性がある．

<X社>は，顧客，知的財産，評判を保護するために，情報資産を保護するという要件がある．この文書では，モバイル機器を安全に使用するための一連のプラクティスと要件について説明する．

2. 範囲

2.1. このポリシーは，企業のネットワーク，データ，およびシステムにアクセスできるすべてのモバイル機器（**<X社>**の所有物か，従業員の所有物かは問わない）に適用される（企業のITで管理されるラップトップを除く）．これには，スマートフォンやタブレットコンピュータが含まれる．

2.1. **例外**：このポリシーの適用を除外する必要があるビジネス（コストがかかりすぎる，複雑すぎる，ほかのビジネス要件に悪影響を与える）がある場合，セキュリティ管理者の承認を受ける前にリスクアセスメントを実施する必要がある．

3. ポリシー

3.1. 技術要件

3.1.1. デバイスはAndroid 2.2以降，iOS 4.x以降のオペレーティングシステムを使用する必要がある．**<必要に応じて追加または削除する>**

3.1.2. デバイスは，ユーザーが保存したすべてのパスワードを暗号化されたパスワードストアに保存する必要がある．

3.1.3. デバイスは，**<X社>**のパスワードポリシーに準拠した安全なパスワードで構成する必要がある．このパスワードは，組織内で使用されているほかの資格情報と同じであってはならない．

3.1.4. ITによって管理されるデバイスを除き，デバイスは社内の企業ネットワークに直接接続することはできない．

3.2. ユーザー要件

3.2.1. ユーザーは自分の役割に不可欠なデータのみをモバイル機器にロードする必要がある.

3.2.2. 紛失または盗難されたすべてのデバイスをすぐに**＜X社＞**ITに報告する必要がある.

3.2.3. モバイル機器経由で企業データへの不正アクセスが発生したと疑われる場合,ユーザーは**＜X社＞**のインシデントハンドリングプロセスに合わせてインシデントを報告する必要がある.

3.2.4. デバイスは“脱獄(ジェイルブレイク)”※してはならない.また,ユーザーに公開されることを意図していない機能にアクセスするように設計されたソフトウェア/ファームウェアがインストールされていてはならない.

3.2.5. ユーザーは海賊版ソフトウェアや違法コンテンツをデバイスに読み込んではならない.

3.2.6. アプリケーションは,公式のプラットフォームオーナーが承認したソースのみからインストールする必要がある.信頼できないソースからのコードのインストールは禁止されている.アプリケーションが承認されたソース由来かどうか,確信が持てない場合は,**＜X社＞**ITに連絡する.

3.2.7. デバイスは,製造元またはネットワークから供給されたパッチを適用して最新の状態に保つ必要がある.最低限,パッチは毎週点検し,少なくとも月1回適用する.

3.2.8. 最新かつ有効なマルウェア対策保護機能がなく,企業ポリシーに準拠していないPCには,デバイスを接続しない.

3.2.9. デバイスは**＜X社＞**の遵守基準に沿って暗号化する必要がある.

3.2.10. ユーザーは,デバイス上の個人用メールアカウントと仕事用メールアカウントのマージについて慎重でなければならない.企業のデータが企業の電子メールシステムを介してのみ送信されるようにするためには,特に注意が必要となる.本文データまたは添付ファイルとして個人メールアカウントから企業データが送信されたと疑われる場合は,すぐに**＜X社＞**ITに通知する必要がある.

3.2.11. **(あなたの組織に該当する場合)**正当なビジネス目的で必要とされている場合を除き,メディアファイルなどのデバイスコンテンツをバックアップまたは同期するために企業のワークステーションを使用してはならない.

※:モバイル機器を“脱獄”するには,製造元の制限を解除する必要がある.これにより,オペレーティングシステムにアクセスできるようになり,すべての機能がロック解除され,許可されていないソフトウェアのインストールが可能になる.

付録E　第4章 資料

Hyper-Vのインストールに関する次の指示は，第4章「通信とネットワークセキュリティ」で参照されている．この付録の資料は，以下のリンクから無償でダウンロードできる．

https://japan.isc2.org/content/cissp-textbook-appendices.zip

Hyper-Vのインストール

このチュートリアルを始めるにあたって，次のことを前提としている．

- Windows Server 2012/2012 R2がインストールされている．
- 最新のパッチが適用されている．
- ストレージに接続されている．
- ネットワークアダプターの名前が変更され，簡単に識別できるようになっている（必要に応じてグループ化してある）．
- IPアドレスが設定されている．

次のステップは，Hyper-Vの役割を有効にすることである．このタスクは，ほかの役割や機能を追加するのと同じ手順で，サーバーマネージャーを使用してグラフィカルに実行することができる．または，Windows PowerShellを使用することもできる．

> 注：Windows PowerShellでは，「役割と機能の追加ウィザード」とは異なり，役割の管理ツールとスナップインはデフォルトでは含まれていない．役割をインストールする際に，管理ツールも含めるには，コマンドレットに「`-IncludeManagementTools`」パラメーターを追加する．Windows Server 2012のServer Coreインストールオプションを実行しているサーバーに役割と機能をインストールし，インストールに役割の管理ツールを追加する場合，インストールオプションは，実行する管理ツールにとって最小のシェルとなるオプションに変更するように求められる．そうしないと，Windows ServerのServer Coreインストールオプションを実行しているサーバーに，管理ツールとスナップインをインストールすることはできない．

昇格されたユーザー権限でWindows PowerShellセッションを開くには，次のいずれかの操作を行う．

- Windowsデスクトップで，タスクバーの「Windows PowerShell」を右クリックし，[管理者として実行]をクリックする．
- Windowsの[スタート]ページで，「Windows PowerShell」という名前の任意の部分を入力する．[スタート]ページの「アプリ」の結果に表示される「Windows PowerShell」のショートカットを右クリックし，[管理者として実行]をクリックする．「Windows PowerShell」のショートカットを[スタート]ページに固定するには，ショートカットを右クリックし，[スタート画面にピン留めする]をクリックする．

次のように入力し，[Enter]キーを押す．ここで，「`computer_name`」は，Hyper-Vをインストールするリモートコンピュータを表す．

コンソールセッションから直接Hyper-Vをインストールするには，コマンドに

「-ComputerName <computer_name>」を含めてはいけない.

```
Install-WindowsFeature -Name Hyper-V -ComputerName
<computer_name> -IncludeManagementTools -Restart
```

サーバーマネージャーGUIを使用する利点は，サーバー内の選択したネットワークアダプターに仮想スイッチを作成するように指示されることである．VM(仮想マシン)上で構成する仮想ネットワークアダプターは，このスイッチに接続して外部ネットワークにアクセスする．デフォルトでは，仮想ネットワークアダプターもホストOS上に作成されるため，OSはそのアダプターをVMのトラフィック用に使用することができる．専用の管理ネットワークアダプターを使用している場合は，インストールプロセスを完了したあとで共有アダプターを無効にする.

▶サーバーマネージャーを使用するための基本的な手順

1. 管理者資格情報を持つアカウントとして，Hyper-Vホストとなるサーバーにログオンし，サーバーマネージャーを起動するか，Hyper-Vホストとなるサーバーに，管理者資格情報を持つアカウントでサーバーマネージャーをリモート起動する.
2. [管理]メニューから[役割と機能の追加]を選択する.
3. 「開始する前に」ページで[次へ]をクリックする.
4. 「インストールの種類」ページで，[役割ベースまたは機能ベースのインストール]を選択し，[次へ]をクリックする.
5. 「サーバーの選択」ページの「サーバープール」内のサーバーの一覧から，Hyper-Vの役割をインストールするサーバーを選択し，[次へ]をクリックする.
6. 「サーバーの役割」ページで[Hyper-V]を選択し，管理ツールを自動的にインストールするオプションを選ぶ.
7. 「仮想スイッチの作成」ページで，VMのトラフィックに使用するネットワークアダプターを選択し，[次へ]をクリックする.
8. ライブマイグレーションを有効にするオプションのチェックボックスをオフのままにして，[次へ]をクリックする．ライブマイグレーションはあとで簡単に追加できる.
9. VMストレージの新しい場所を選択するか，デフォルトのまま[次へ]をクリックする.
10. [必要に応じて対象サーバーを自動的に再起動する]のチェックボックスをオンにして，表示された確認ボックスで[はい]をクリックする．[インストール]ボタンをクリックする.

おめでとう！　これでHyper-Vの役割が正常にインストールされた．Windows Serverが再起動したら，再度ログインする．ログインすると，サーバーマネージャーが起動する.

サーバーマネージャーの［ツール］で，［Hyper-Vマネージャー］を選択し，サーバーに移動する．VMがないことに注意してほしい．ただし，［仮想スイッチマネージャー］アクションをクリックすると，Realtek PCIe GBEファミリーコントローラーなどのネットワークアダプターコントローラーの名前を持つ単一の仮想スイッチが表示される．

仮想スイッチを接続するネットワークを表すために，仮想スイッチを「外部スイッチ」などのよりわかりやすい名前に変更することを検討する必要がある．Hyper-Vホスト間でスイッチに一貫した名前を付けることは重要である．ホスト間でVMを移動する場合，VMがネットワーク接続を維持するには，ターゲットホストとソースホストの両方に同じ名前のスイッチが存在する必要がある．また，［管理オペレーティングシステムにこのネットワークアダプターの共有を許可する］オプションのチェックボックスをオフにする．このオプションは，ホストの管理用に別のネットワークアダプターがない場合や，VMおよびホストトラフィック用に共有されるネットワークアダプターが1つしかない場合にのみ必要となる．このインターフェースを使用して，追加のスイッチを作成することもできる．

スタンドアロンホストでVMを作成する準備が整った．

▶VMを作成するには

1．Hyper-Vマネージャーを開く．
2．Hyper-Vマネージャーのナビゲーションペインで，Hyper-Vを実行しているコンピュータを選択する．
3．「操作」ペインで［新規］をクリックし，［仮想マシン］をクリックする．
4．「仮想マシンの新規作成ウィザード」が開く．［次へ］をクリックする．
5．「名前と場所の指定」ページで，適切な名前を入力する．
6．「メモリの割り当て」ページで，ゲストOSを起動するのに十分なメモリーを指定する．
7．「ネットワークの構成」ページで，Hyper-Vのインストール時に作成したスイッチに仮想マシンを接続する．
8．「仮想ハードディスクの接続」ページと「インストールオプション」ページで，ゲストOSのインストール方法に適したオプションを選択する．
    - DVDまたはイメージファイル（.isoファイル）からゲストOSをインストールする場合は，［仮想ハードディスクを作成する］を選択する．［次へ］をクリックし，使用するメディアの種類を説明するオプションをクリックする．例えば，.isoファイルを使用するには，［ブートCD/DVDからオペレーティングシステムをインストールする］をクリックし，.isoファイルへのパスを指定する．
    - ゲストオペレーティングシステムが仮想ハードディスクにすでにインストールされている場合は，［既存の仮想ハードディスクを使用する］を選択し，［次へ］をクリックする．次に，［後でオペレーティングシステムをインストールする］を選択する．

9．「仮想マシンの新規作成ウィザードの完了」ページで，選択内容を確認し，［完了］をクリックする．

▶Windows PowerShellの相当コマンド

次のWindows PowerShellコマンドレットは，前述の手順と同じ機能を実行する．各コマンドレットは，書式設定の制約のために複数の行にまたがって見えるが，1行で入力しなければならない．

次のコマンドを実行して，1GBの起動メモリーを持つ，「web server」という名前の仮想マシンを作成し，ゲストOSがすでにインストールされている既存の仮想ハードディスクを使用する．

```
New-VM -Name "web server" -MemoryStartupBytes 1GB -VHDPath
d:¥vhd¥BaseImage.vhdx
```

▶ゲストOSをVMにインストールするには

1．Hyper-Vマネージャーの結果ペインの「仮想マシン」セクションで，仮想マシンの名前を右クリックし，［接続］をクリックする．
2．仮想マシン接続ツールが開く．
3．「仮想マシン接続」ウィンドウの［操作］メニューで，［起動］をクリックする．
4．仮想マシンが起動し，起動デバイスを検索し，インストールパッケージをロードする．
5．インストールを続行する．

付録F　第5章 資料

次のパスワードセキュリティポリシーは，第5章「アイデンティティとアクセスの管理」で参照されている．この付録の資料は，以下のリンクから無償でダウンロードできる．

https://japan.isc2.org/content/cissp-textbook-appendices.zip

セクションx	ISセキュリティポリシー	mm/dd/yy	施行日
		mm/dd/yy	改変日
ポリシー x.xx	パスワード	情報サービス	作成者

はじめに

ユーザー認証は，情報リソースシステムへのアクセス権を持つユーザーを制御する手段である．アクセス制御は，すべての情報リソースに対して必要になる．認可されていないエンティティが，アクセス権を取得することで，情報の機密性，完全性，可用性の喪失を引き起こし，結果的に[社名]に対して，収益の喪失，負債，信頼の喪失，財政窮迫につながる可能性がある．

ユーザー認証を行うためには，次の3つの要素，あるいはこれらの組み合わせを使用することができる．

- あなたが知っているもの＝パスワード，個人識別番号(PIN)
- あなたが持っているもの＝スマートカード
- あなたが何であるか＝指紋，虹彩スキャン，音声
- 複数の要素の組み合わせ＝スマートカードとPIN

目的

[社名]パスワードポリシーの目的は，[社名]におけるユーザー認証メカニズムの作成，配布，保護，終了，および再利用のルールを確立することである．

対象者

[社名]パスワードポリシーは，[社名]の情報リソースを使用するすべての個人に等しく適用される．

定義

- **情報リソース**(Information Resources：IR)＝情報リソースとは，コンピュータによるすべての印刷物やオンラインディスプレイ装置，磁気記憶媒体，そして，電子メールを受信したり，Webサイトを閲覧したり，あるいは電子データを受信，保存，管理，伝送することが可能なあらゆるデバイスを含む，コンピュータ関連のすべてのアクティビティを指す．メインフレーム，サーバー，パーソナルコンピュータ，ノート型コンピュータ，ハンドヘルドコンピュータ，パーソナルデジタルアシスタント(PDA)，ポケットベル，スマートフォン，タブレット，分散処理システム，ネットワーク接続されたコンピュータ制御の医療・実験装置(すなわち組み込み技術)，通信リソース，ネットワーク環境，電話，ファックス，プリンター，サービス局を含むが，それらに限られるわけではない．さらに，情報を作成，収集，記録，処理，保存，

検索，表示，および伝送するために，設計，構築，操作，および保守される手順，機器，施設，ソフトウェア，およびデータのことである．

- **情報セキュリティ責任者**（Information Security Officer：ISO）＝ISOは，企業内の情報セキュリティ機能の管理に関して，経営幹部に対して責任を負う．すべての情報セキュリティ問題に関する企業の社内外の連絡窓口となる．
- **情報サービス**（Information Services：IS）＝コンピュータ，ネットワーク，およびデータ管理に対して責任を負う部門のこと．
- **パスワード**（Password）＝個人の身元を認証する役割を果たす文字列．個人のデータまたは共有データへのアクセスを許可（あるいは，拒否）するために使用される．
- **強力なパスワード**（Strong Passwords）＝強力なパスワードとは，容易に推測されないパスワードである．通常，オペレーティングシステムの機能に応じて，一連の文字，数字，および特殊文字から構成される．通常，パスワードが長いほど，その強度は高まる．名前，任意の言語の辞書にある単語，イニシャル，固有名詞，数字，あるいは生年月日，社会保障番号などの個人情報に結びつけられる文字列を，決して使用してはならない．

パスワードポリシー

- 初期のパスワードを含むすべてのパスワードは，次の[社名]ルールに従って構築し，実装する必要がある．
  - 定期的に変更しなければならない．
  - [社名]のISが設定した最小の長さに従わなければならない．
  - アルファベットと数字の組み合わせにしなければならない．
  - ユーザー名，社会保障番号，ニックネーム，親戚の名前，生年月日など，簡単にアカウントのオーナーに関連付けられる文字列にしてはならない．
  - 辞書にある単語やイニシャルを使用してはならない．
  - パスワードの再利用を防ぐために，パスワードの履歴を保持しなければならない．
- パスワードは暗号化して保存する必要がある．
- ユーザーアカウントのパスワードを誰にも漏らしてはならない．[社名]のISおよびISの請負業者が，ユーザーアカウントのパスワードを尋ねることは一切ない．
- セキュリティトークン（すなわち，スマートカード）は，[社名]との関係終了時に速やかに返却する必要がある．
- パスワードの安全性が疑わしい場合は，パスワードをすぐに変更する必要がある．
- 管理者は，使いやすさのためにパスワードポリシーを迂回してはならない．
- ユーザーは，自動ログオン，アプリケーションのパスワード保存機能，埋め込みスクリプト，またはクライアントソフトウェアでのハードコードされたパスワードで，パスワード入力を迂回することはできない．[社名]のISOの承認を得て，特定のアプリケーション（自動バックアップなど）に対して例外が発生することがある．例外が承認されるためには，パスワードを変更する手順が必要となる．

- コンピューティングデバイスから離れる場合は，パスワードで保護されたスクリーンセーバーを有効にするか，デバイスからログオフする必要がある．
- ISヘルプデスクのパスワード変更手順には，以下が含まれている必要がある．
  - パスワードを変更する前に，ヘルプデスクはユーザーの本人確認を実施すること．
  - 強力なパスワードに変更すること．
  - ユーザーは最初のログイン時にパスワードを変更すること．
- パスワードが見つかった場合（Found）や発見された場合（Discovered）は，次の手順を実行する必要がある．
  - パスワードをコントロールして，保護すること．
  - ［社名］ヘルプデスクに発見を報告すること．
  - ［社名］ISOの指示に従い，認可された人にパスワードを転送すること．

パスワードガイドライン

- パスワードは，少なくとも60日ごとに変更する必要がある．
- パスワードの長さは，英数字8文字以上でなければならない．
- パスワードには，大文字と小文字を混在させ，少なくとも2つの数字を含める必要がある．数字はパスワードの先頭または末尾にあってはならない．コンピューティングシステムがパスワードに含めることを許容している場合，特殊文字もパスワードに含める必要がある．特殊文字は（!@#$%^&*_+=?/~`;:,<>|\）である．
- パスワードは容易に推測できるものであってはならない．
  - あなたのユーザー名であってはならない．
  - あなたの従業員番号であってはならない．
  - あなたの名前であってはならない．
  - 家族の名前であってはならない．
  - あなたのニックネームであってはならない．
  - あなたの社会保障番号であってはならない．
  - あなたの誕生日であってはならない．
  - 自動車のナンバープレート番号であってはならない．
  - あなたのペットの名前であってはならない．
  - あなたの住所であってはならない．
  - あなたの電話番号であってはならない．
  - あなたの住む町や都市の名前であってはならない．
  - あなたの部署名であってはならない．
  - 通りの名前であってはならない．
  - 自動車の製造元またはモデルであってはならない．

- 俗語であってはならない.
- わいせつな言葉であってはならない.
- 専門用語であってはならない.
- 学校名，学校のマスコット，学校のスローガンであってはならない.
- 知られているか，習得が簡単なあなたに関する情報(好きな食べ物，色，スポーツなど)であってはならない.
- 一般的な略語であってはならない.
- 辞書に含まれる単語であってはならない.
- 上記のいずれかを反転させた文字列であってはならない.

- 一度使用したパスワードは1年間再利用してはならない.
- パスワードは他人と共有してはならない.
- パスワードは機密情報として扱わなければならない.

強いパスワードの作成

- 関連性のない短い単語を数字や特殊文字と組み合わせること．例えば，「eAt42peN」.
- 推測するのは難しいが，覚えやすいパスワードを選ぶこと.
- 文字を数字や特殊文字で置き換えること(ただし，単なる代用ではない)．以下に例を挙げる.
  - 「livefish」は悪いパスワードである.
  - 「L1veF1sh」はより優れたパスワードで，ルールを満たしているが，1文字目のパターンが大文字で，「i」が「1」に置き換えられていることを推測できてしまう.
  - 「l!v3f1Sh」は，文字の大文字化と置き換えを予測できないため，はるかに優れている.

懲戒処分

このポリシーを違反すると，懲戒処分となる可能性がある．これには，従業員および臨時雇用者の解雇，請負業者またはコンサルタントの場合は雇用関係の終了，インターンとボランティアの解雇，学生の場合は中断または終了が含まれる．さらに，個人は，[社名]情報リソースアクセス権限を失い，民事および刑事訴訟の対象となる場合がある.

サポート情報リファレンス#

このセキュリティポリシーは，次のセキュリティポリシーの標準により構成されている.

▶ポリシー標準の詳細

1．IRセキュリティコントロールを迂回または無効にしてはならない.

2．人員のセキュリティ意識は継続的に，強調，強化，更新，検証される必要がある．
3．すべての人員はIRの使用を管理する責任があり，IRセキュリティに関する自らの行動に説明責任を負っている．同様に，このポリシーに対する，疑わしい行為または確認された違反を適切な管理職に報告する責任も負っている．
4．パスワード，個人識別番号(PIN)，セキュリティトークン(すなわち，スマートカード)，およびその他のコンピュータシステムのセキュリティ手順およびデバイスは，個人ユーザーによって，ほかの個人または組織による使用または開示から保護されるものとする．すべてのセキュリティ違反は，管理者，データ／プログラムのオーナー，または部門の管理職に報告されるものとする．
5．IRへのアクセス，IRの変更および使用は，厳重に保護されなければならない．各ユーザーの情報アクセス権限は，異動，昇進，降格，またはサービスの終了など，各ジョブステータスの変更と同様に，定期的に見直さなければならない．
6．会社との関係が解除された場合，ユーザーはすべての財産およびIRを破棄する必要がある．IRに関するすべてのセキュリティポリシーは，このような破棄が行われ，関係が終了するまで適用され，効力を維持し続ける．さらに，このポリシーは，関係が終了したあとも存続することになる．

付録G　第6章 資料

以下は，第6章「セキュリティ評価とテスト」で参照された，「ログ管理ポリシー」と「ログ管理手順のドキュメント」のサンプルである．この付録の資料は，以下のリンクから無償でダウンロードできる．

https://japan.isc2.org/content/cissp-textbook-appendices.zip

ログ管理ポリシーのサンプル

▶改訂

V2.0　2014年8月13日

▶目的

このポリシーの目的はABC社のログの取得とレビューに関する要件を明確化することである.

▶範囲

このポリシーはABC社の現在および将来生成される全データに適用される．このポリシーは，関連するシステムおよびデータの維持に関わるすべてのメンバーに適用される.

▶ポリシー

ABC社が機密または専用に分類したデータの保管，アクセス，送信を行うITリソースは，ログが収集されるようになっている必要がある．システム，アプリケーション，データベース，ファイル操作について，可能かつ必要と想定される場合はすべてのログが収集される必要がある.

- データの生成，アクセス，変更および削除の作業に伴うログデータを含めること
- ログファイルに対しては，アクセス制御の整合性や侵害，ポリシー違反に関する検査を定期的に行うこと
- データ管理者および機器マネージャーは，ログの監視と分析が適切に行われるよう，そのプロセスを責任を持って策定すること
- 自らのアクティビティログのレビューを単独で行う状況が発生しないように体制を構築すること
- システムの稼働状況の定期的なレビューには最低過去30日分の監査ログを含め，日々の例外処理のレポートも含めること

▶定義

機密データ＝未承認の公開，変更，削除により，ABC社および関連する組織や人々の業務遂行，安全性や完全性に重大なリスクが起こりうるデータ群.

専用データ＝未承認の公開，変更，削除により，ABC社および関連する組織や人々の業務遂行，安全性や完全性に一定のリスクが起こりうるデータ群.

機器マネージャー＝情報システム群の保守，管理の責任を持つエンティティ.

データ管理者＝データオーナーにより，データの使用，操作を許可された者．データ管理者は自らが管理しているデータに対し，ポリシーが適切に適用されるように管理する責

任がある.

▶責任

データオーナーは保有するデータに分類カテゴリーを割り当てる責任があり，保有データの適切な使用と安全性確保の最終責任はデータオーナーにある.

データ管理者はデータオーナーが割り当てたデータの分類に基づき，レビューが必要なシステム，レビューされなければならないシステム内にある情報，生成されるアクセスレポートの種類，すべてのログやレポートをレビューするメンバーを特定する責任がある.データ管理者は本ポリシーに則った通常のログレビューの証跡を適切に作成させる責任もある.

情報セキュリティ責任者はレビューのプロセスが効果的な方法で実装されていることを検証する責任がある.

▶管理および説明

本ポリシーは情報セキュリティとして管理されるべきである.本ポリシーに関する質問は情報セキュリティ責任者が直接対応することとする.

▶本ポリシーの改正および終了

ABC社はいかなる時も，本ポリシーの修正，改正，終了を行う権利を有する.本ポリシーはABC社と従業員との契約の一部とはならない.

▶適用されるほかのポリシー／プロシージャー

データ分類ポリシー

▶例外

なし

▶違反への対応

本ポリシーの違反については，ABC社の情報セキュリティ責任者に電話(302-189-3286)または電子メール(security_team@ABCCorp.com)で報告すること.

本ポリシーの違反に対しては，ABC社の規程に従い，迅速なシステムやネットワーク権限の取り消し・停止，懲戒処分等の対応を行う.

犯罪行為が行われた場合，ABC社は法執行機関に相談することを検討する.

ログ管理手順のドキュメントのサンプル

ABC社　ITサービス

ログ管理手順

▶はじめに

ログ収集およびレビューは情報セキュリティ上重要な活動である．本ドキュメントでは収集，レビューされるべきログの種類，レビューの頻度，およびエスカレーション手順の概要を記す．

ABC社の情報セキュリティログポリシーは，ABC社が機密または制約付きに分類したデータに関し，アクセスや通信される際に利用される電子的な情報リソースが適用対象となるので，参照することとする．

ABC社の情報セキュリティ責任者(ISO)は，業界標準，法律，規制，ABC社のほかのポリシーの変更に伴い，本ドキュメントの定期的なレビュー，更新を行うこととする．

1.　OS，アプリケーション，データベース，システム，端末単位でのログ収集，監査を可能とすること．運用および技術的に可能な範囲で，以下のログ収集を実施すること

a.　失敗したログインと成功したログイン
b.　セキュリティ設定の変更
c.　特権の使用，および特権アカウントへの昇格
d.　システムイベント
e.　システムレベルの設定変更
f.　セッション情報
g.　パスワード変更(成功，失敗の両方)を含むアカウント管理作業
h.　ポリシー変更
i.　端末のファイアウォール
j.　ウイルス対策・マルウェア対策製品
k.　Webサーバー等のアプリケーション

可能な場合，上記の項目ごとに以下の情報を収集すること．

2. アクティビティの日付と時間

a. 各IPアドレスの接続ログ
b. ユーザーが実施したアクティビティの特定
c. 試行，あるいは実施したアクティビティの説明
d. アプリケーションのログ：クライアントからの要求，サーバーの応答等
e. 通常とは異なる使用：例えば，大量のトランザクション，瞬間的な大量の使用等
f. 繰り返しの再起動など，通常とは異なるアプリケーションの動作
g. 規制に対応するためのデータ変更

3. ログレビュー時のチェック項目

a. 上述1．で収集された全ログ情報
h. 構成変更，成功／失敗したアクセス試行，ベンダーのデータベースやシグネチャーで特定された脅威の存在など，不審なアクティビティの指標

以下に例を示す．

- 遠隔管理ツール＝パッチログ，インストール履歴，既知の脆弱性やパッチの適用漏れ等の状態をレビューすること．
- ルーター＝構成の変更，ログイン試行，インターフェースの使用，例外的なアクティビティにおけるエラーイベントをレビューすること．
- ファイアウォール＝インバウンド・アウトバウンドの接続試行の失敗など，通常と異なる振る舞いを確認すること．また，感染や異常の検出について，追加で調査を行うこと．
- 侵入検知システム（IDS）＝不審な動作や検出された攻撃など，通常ではないイベントの確認を行うこと．また，適切な調査やエスカレーションを行うこと．
- Tripwireなど，構成管理アプリケーション＝アプリケーションの構成変更をレビューすること．

4. レビューの頻度

システム管理者は適切なログ監視の定義と実施の責任がある．セキュリティ上の問題の発見，報告に応じてログのレビューをすべきである．関連する要件については，ABC社の情報セキュリティログポリシーを参照すること．

5. 保管

90日分のログ保管を基本とする．ビジネスニーズ，法律，規制，ABC社のポリシー，または容量制限などの技術的制約により，ログの保管期間は短縮・延長してもよい．

6.　セキュリティ関連の課題，疑問，懸念の，ITリクエストチケットを通じたITセキュリティ（ITS）への通報（以下の「問い合わせ先」を参照）

a.　セキュリティインシデント報告手順に詳細があるので，参照すること．ITSスタッフは，マルウェア感染が疑われる場合も含めて，マルウェア感染したコンピュータのためのITS対応手順に従うこと．

b.　制約付きデータが含まれているかどうかを報告すること．

c.　セキュリティ上の報告が行われた場合，セキュリティ関連の追加指示があるまでは，ログを保管すること．関連ログの有効期間が過ぎた場合，ログファイルをコピーし，保管すること．制約付きデータを含まない場合，直接ITリクエストチケットを通じて，ログの少量部分を抜き取り，添付してもよい．

7.　ログ情報の適切な使用と保護

ログはそれが有する情報の特性に応じて，アクセスできなければならず，安全に保護される必要がある．組織が定期的にログの収集，監視を行う必要がある場合，それらの活動はITS定常システム監視手法およびABC社電子通信ポリシーに記された情報保護規程と整合させる必要がある．

8.　追加情報

a.　ABC社ITグループ定常システム監視手法

b.　ABC社情報セキュリティログポリシー

9.　問い合わせ先

上述の手順に関する質問または支援が必要な場合，またはITセキュリティ上の課題の報告を行う場合，ITSサポートセンタに連絡すること．

E-Mail：`itrequest@ABCCorp.com` または `help@ABCCorp.com`

音声：（205）123-HELP

受付：月～金　8～17時，本社ビル　291号室

付録H　第7章 資料

「構成管理計画」に関する以下のサンプルは，第7章「セキュリティ運用」で参照されている．この付録の資料は，以下のリンクから無償でダウンロードできる．

https://japan.isc2.org/content/cissp-textbook-appendices.zip

構成管理計画

<プロジェクト名>

会社名
住所
市，州郵便番号

日付

目次

はじめに

構成管理計画の目的は，プロジェクトライフサイクル全体を通じて構成管理（Configuration Management：CM）をどのように実施するかを記述することにある．これには，CMにおける管理方法，役割と責任，構成項目（Configuration Item：CI）の変更方法の文書化とCMのすべての側面をプロジェクトの利害関係者に伝えることが含まれる．文書化された構成管理計画がなければ，バージョンと文書管理が欠如することにより，CIが欠落したり，不完全であったり，不要な作業が行われたりする可能性がある．構成管理計画はすべてのプロジェクトにとって重要であるが，これは特にソフトウェアやその他のITプロジェクトにとって重要なことである．

Azmithプロジェクトでは，既存のTP社ネットワークインフラストラクチャーを活用し，リモートアクセス，LAN/WAN環境の直接的な変更，およびネットワークツールとデバイスの監視を改善するために，数多くの機能を追加しようとしている．その結果，TP社のネットワークの保守と更新を実行する能力が大幅に向上する．さらに，TP社はすべてのネットワーク診断をリアルタイムで監視し，効率化する能力を向上させようとしている．競合するネットワークタスクに関連する時間を大幅に短縮し，TP社の従業員が過去には外部委託された作業を実行できるようにすることで，コスト削減を実現するのである．

Azmithプロジェクトを効果的に管理するには，構成管理計画が必要である．この計画では，CMの役割と責任を確立し，Azmithプロジェクトチームがプロジェクトライフサイクル全体にわたって，どのようにCIと変更を追跡，実装，伝達するかを記述する．

役割と責任

役割と責任はどの計画においても重要である．期待を明確に理解するために，これらの役割と責任を明確に定義しなければならない．計画の一部として実行される作業は，誰かに割り当てなければならない．このセクションでは，これらのタスクを誰が所有しているかを説明し，プロジェクトのすべての利害関係者に伝える．

TP社のAzmithプロジェクトのためのCM計画に関しては，以下の役割と責任がある．

▶構成コントロール委員会

構成コントロール委員会（Configuration Control Board：CCB）は，Azmithプロジェクトスポンサー，プロジェクトマネージャー，構成マネージャー，考慮されるべきCIのリードエンジニアからなる．CCBは以下に対する責任を持つ．

- 構成変更要求を確認し，承認／拒否する．
- 承認されたすべての変更が構成管理データベース（Configuration Management Database：CMDB）に追加されていることを確認する．

- 必要に応じて任意のCIについて説明を求める.

▶プロジェクトスポンサー

プロジェクトスポンサーは以下に対する責任を持つ.

- すべてのCCB会議の議長を務める.
- 追加範囲，時間，またはコストを要する問題について承認する.

▶プロジェクトマネージャー

プロジェクトマネージャーは以下に対する責任を持つ.

- Azmithプロジェクトに関連する，すべてのCM活動における全体的な責任.
- CIの特定.
- CM活動における，プロジェクトの利害関係者とのコミュニケーションすべて.
- CCB会議への参加.
- 必要に応じて，CM変更の影響を受ける項目のベースラインを再設定.

▶構成マネージャー

構成マネージャーは，プログラム管理オフィス（Program Management Office：PMO）から任命される．構成マネージャーは以下に対する責任を持つ.

- CMDB全体の管理.
- CIの特定.
- プロジェクトチームに対する構成基準とテンプレートの提供.
- 構成に関する必要な訓練の提供.

▶リードエンジニア

特定されたすべてのCIは，リードエンジニアに割り当てられる．そして，担当に割り当てられたリードエンジニアは以下に対する責任を持つ.

- 変更要求を作成するフォーカスグループを指定する.
- CCBに先立って，すべての変更要求が組織のテンプレートとスタンダードに準拠していることを確認する.
- CIの特定.

▶エンジニア

各CIは，複数のエンジニアからなるフォーカスグループに割り当てられる．CCBでのレビューとプレゼンテーションのために，フォーカスグループの各メンバーは，リードエンジニア向けの変更要求が提出される前に，変更要求に対しての情報提供を行う．

構成コントロール

構成コントロールは，プロジェクトライフサイクル全体を通じて構成のすべてのステップを体系的にコントロールし管理するプロセスである．プロジェクトのCMを効果的に処理するためには，必要な構成変更のみが行われるようにするプロセスを用いる必要がある．さらに，あらゆる変更管理の取り組みと同様に，変更の影響を理解して構成の変更を決定する必要がある．

Azmithプロジェクトでは，すべてのCIが一貫した方法で処理され，承認を得た変更が影響について完全に審査された上で利害関係者に伝えられるようにする必要がある．そのためには，プロジェクトのライフサイクル全体にわたって標準化された構成管理プロセスを使用する．

CIがプロジェクトチームによって特定されると，構成マネージャーはCI名を割り当て，CIは「開始」状態になり，CMDBに入力される．CIはフォーカスグループのエンジニアに割り当てられる．CIのフォーカスグループの各メンバーは，CMDBを介してCIにアクセスし，変更と編集を行い，CIをCMDBに入力して，CMDBログに注釈を付けた変更／編集に関する説明を入力する．

ソフトウェアの変更はすべて，変更を検証するためにフォーカスグループがテストを実施することが不可欠である．フォーカスグループの管理を担当するリードエンジニアは，テストが実施され，変更がCMDBログに入力され，すべての変更／編集がCMDBに正しく保存されていることを保証する責任がある．リードエンジニアは，割り当てられたフォーカスグループが実施した変更について，新しいバージョン番号とCMDBステータスの割り当てについても担当する．

多くの場合，CIは，プロジェクト内における少なくとも1つ以上のほかのCIと関連している．リードエンジニア，構成マネージャー，およびプロジェクトマネージャーは，これらの関係を完全に理解するために協力し合う．リードエンジニアと構成マネージャーは，これらの関係とCMDBにおける相互依存関係を説明し，各CIを完全に理解し，それらの相互関係を確立する責任を負う．

プロジェクトチームまたは利害関係者によって特定された構成の変更は，構成変更要求（Configuration Change Request：CCR）に取り込まれ，CCBに提出されなければならない．CCBは，提案された変更に対して，影響，範囲，時間，費用に基づいて要求をレビュー，分析，承認／却下する．変更が承認された場合，プロジェクト要件について，（必要に応じて）再度ベースラインの整理を行い，すべての変更はプロジェクトマネージャーによってプロジェクトチームと利害関係者に伝えられる．却下されたCCRは，CCBによる再検討のため，追加情報または新しい情報とともに再提出することができる．

構成管理データベース

構成管理データベース（Configuration Management Database：CMDB）は，組織の構成情報が格納される場所である．CMDBは，ITサービス管理のベストプラクティスのフレームワークを提供するITインフラストラクチャーライブラリー（Information Technology Infrastructure Library：ITIL）に由来する用語である．CMDBには，資産の構成情報だけでなく，物理的な場所，所有権，およびほかの構成可能項目（CI）との関係などの資産に関する情報も含まれている．

構成管理の重要な要素は，文書管理とデータ管理の両方に対して，明確かつ標準的プロセスを持つことである．

CMDBは，Azmithプロジェクトのすべての構成情報における，集中リポジトリーになる．CMDBは，プロジェクトチームがCIの編集，変更，改訂，およびレビューを行う共通のプラットフォームとなり，すべての文書とデータが最新のリビジョンで管理され，最新のリリース形式で更新されるようにする必要がある．

CMDBへのアクセスは，標準のUNIX権限によって許可され，管理される．Azmithプロジェクトには，2種類のCMDBアクセス権が付与される．

1. 構成マネージャー，プロジェクトマネージャー，リードエンジニア，エンジニアには，読み取りおよび書き込みのフルアクセス権が与えられる．各個人は，CMDBにアクセスして変更を行い，文書やデータを編集し，バージョンとCIのステータスを確認し，承認する権限を与えられる．
2. プロジェクトスポンサーとほかのすべての利害関係者には，読み取り専用アクセス権が与えられる．このアクセスにより，各個人はすべてのCIおよびCIデータを表示することができるが，変更を行う権限はない．これらの個人が変更または編集の必要性を認識した場合，通知をレビューし，フィードバックを提供する役割がある構成マネージャーにその旨を通知する．

CMDBは，プロジェクトチームのメンバーが常にソフトウェア，データ，および文書の最新バージョンに対して作業していることを保証する．しかしながら，プロジェクトのライフサイクル全体を通じて，これらの資産の履歴を維持することも重要である．これらの資産に関する情報が変更および更新されると，CIを割り当てられたフォーカスグループのリードエンジニアは，CIのステータスを更新し，新たに番号付けするという責任を持つ．この番号付けは，TP社の標準リビジョン管理番号付けプロセスに従って行われる．ここで，バージョン番号が大きいほど，ソフトウェア，データ，または文書が最新バージョンであることを示している．

構成ステータスの説明

構成ステータスの説明には，任意の時点におけるすべてのCIの構成データの収集，実行処理，および報告が含まれる．これには，CMDBに保存され，管理されている構成情報も含まれる．また，承認を受けた構成に関する文書，ソフトウェア，データ，およびそれらの現在のバージョン番号も含まれる．これらの情報を基にレポートを作成する．提出された変更についてのステータス，または構成の監査によって特定された矛盾などの状態がわかる．

Azmithプロジェクトの場合，プロジェクトスポンサーと技術担当副社長が，いつでも構成ステータスを確認できることが重要である．また，プロジェクトマネージャーは毎週金曜日に構成ステータスを含む週次報告書を提出する．これらのレポートは，構成ステータスのセクションの一部として，次の情報で構成される．

1. 変更要求
   a. 時間の経過＝変更要求がオープンになっている時間
   b. 配布＝所有者／グループによって送信された変更要求の数
   c. トレンド＝どの範囲のことが承認されたか
2. バージョン管理
   a. ソフトウェア
   b. ハードウェア
   c. データ
   d. 文書
3. レポート作成
   a. ファイル
   b. CIの関連性
   c. 組み込まれた変更
4. 監査
   a. 物理構成
   b. 機能構成

最新のソフトウェアをリリースする前に，構成マネージャーは各リードエンジニアと協力して，すべてのCIが最新のリリースバージョンで更新されるようにすべきである．

構成監査

監査は，プロジェクトおよび構成管理の重要な部分である．監査の目的は，確立されたプロセスが意図どおりに実施されていることを確認し，これらのプロセスからの逸脱を修正する機会を提供することである．多くの人は監査について否定的な見方をしている．しかし，適切に実施された場合，監査は効果的な管理と品質保証ツールにもなる．

構成監査は，Azmithプロジェクトライフサイクルにおける継続的なパートに当たる．構成監査の目的は，構成管理のための確立された手順とプロセスに，全チームメンバーが従っているかを確認することである．Azmithプロジェクトの監査は，主要なソフトウェアがリリースされる前に，または，プロジェクトマネージャーまたはプロジェクトスポンサーの裁量によって必要性を判断する際に行われる．

すべてのAzmith構成監査は，構成マネージャーによって実行される．プロジェクト全体を通じて，構成マネージャーは，すべての構成プロセスと手順が確実に実行されるように，リードエンジニアと緊密に協力する．構成監査の一環として，構成マネージャーは次のタスクを実行する．

1. CMDBに監査環境を確立する．
2. 最新のソフトウェア，データ，および文書のすべてのバージョンを監査環境にコピーする．
3. すべてのバージョンにおいて正しく番号付けされ，正しく管理されていることを確認する．
4. すべてのソフトウェア，データ，および文書の履歴バージョンとタイムスタンプを分析し，すべての変更／編集が適切に記録および取得されたことを確認する．
5. 最新のソフトウェアバージョンがコピーされた環境を用いてソフトウェアテストを実施し，要件が満たされていることを確認する．
6. 必要なすべてのアーティファクトがCMDBに存在し最新であることを確認する．
7. 承認されたすべてのCCRがプロジェクトに組み込まれ，CMDBに記録されていることを確認する．

監査が行われると，構成マネージャーは監査結果を収集する．それぞれの所見について，構成マネージャーはプロジェクトマネージャー／チームと協力して，不一致を解決するために必要な是正措置を特定し，その是正措置ごとに責任の所在を割り当てる必要がある．

プロジェクト監査と監査結果が完了すると，構成マネージャーはすべての不一致を記録し，プロジェクトマネージャー，プロジェクトスポンサー，技術担当副社長に報告書を提出する．

スポンサーによる承認

プロジェクトスポンサーによる許可：

____ 日付：________________

＜プロジェクトスポンサー＞
＜プロジェクトスポンサーの職名＞

第8章 資料

「変更管理計画」に関する以下のサンプルは，第8章「ソフトウェア開発のセキュリティ」で参照されている．この付録の資料は，以下のリンクから無償でダウンロードできる．

https://japan.isc2.org/content/cissp-textbook-appendices.zip

<プロジェクト名>

変更管理計画

バージョン<バージョン番号>

以下に，この変更管理計画を承認する．

作成者：

プロジェクトマネージャー

承認者：

CIO

承認者：

プロジェクトスポンサー

目次

改訂履歴

日付	バージョン	説明	作成者
<MM/DD/YYYY>	<0.00>	<ここに簡単な説明を入力>	<名前>

テンプレートの概要と指示

＜変更管理計画には，変更が提案，承認，監視，およびコントロールされる方法が文書化されている．この文書を編集して，変更を管理するプロセスを確立する．この文書の指示文は山括弧で囲まれ，背景を灰色にしてある．実際の計画では，ほかのテキストを使用することがある．**文書が完成したら，指示を削除する．**＞

1 目的

変更管理計画は，変更がどのように提案され，承認され，監視され，コントロールされるかを確立する．変更管理計画で特定された変更管理手順は，プロジェクトの開始から完了までの作業分解図と要件の変更を含むプロジェクト範囲のベースラインの変更を管理する．さらに，変更管理手順は，ベースラインのスケジュールとコストの変更を管理する．この変更管理計画は，以下の活動に関わる．

- 変更要求の識別とインベントリー
- 要求された変更が及ぼす全面的な影響の分析と文書化
- 変更要求の承認／却下
- 承認された変更に関わるプロジェクト文書の変更と更新の追跡

2 変更識別の手順

＜プロジェクトベースライン（例えば，承認された範囲のベースライン，コストのベースライン，およびスケジュールのベースライン）に対する変更要求を識別し，文書化するために使用される手順を記述すること．変更要求を提出する権限を与えられている人を記入すること．変更識別の手順に含めることができる文章のサンプルは次のとおりである．＞

どのプロジェクトチームメンバーもプロジェクトマネージャーに変更要求を提出することができる．承認されたベースラインへの変更の必要性が確認された場合，変更は変更申請書（添付書類A：変更申請書を参照）を使用して明確に定義される．

- 申請者は，変更申請書の「セクション1」の項目をすべて記入し，レビューのためにプロジェクトマネージャーに提出する．
- プロジェクトマネージャーは，変更管理ログ（添付書類B：変更管理ログ）に要求を記録し，変更要求に変更要求番号を割り当てる．

3 変更分析の手順

＜提案された変更が及ぼす影響を分析および評価するために使用される手順を記述すること．変更は，プロジェクトのベースラインの範囲（追加または削除），スケジュール（確立されたスケジュールマイルストーンへの影響），およびプロジェクトの総コストに関連して評価する必要がある．

また，プロジェクトスポンサー，エグゼクティブスポンサー，および／または最終のレビューと承認を行う変更管理委員会（Change Control Board：CCB）に，提案された変更を送付して評価・承認してもらうプロセスを記述すること．このプロセスは，プロジェクトチームによって使用される．CCBは，識別されたプロジェクトの変更，レビューの影響，提案された変更の承認／却下を管理するために任命された個人の集団である．CCBは，プロジェクトの利害関係者またはその代表者を含む．多くのプロジェクトでは，運営委員会がCCBとして機能する．

変更要求を完全に評価し，承認／却下するために，プロジェクトチームは変更がプロジェクトに与える影響を承認者に伝える必要がある．プロジェクトマネージャーと承認者は，変更が，プロジェクトの範囲，スケジュール，コスト，品質，およびリスクに及ぼす影響に最も関心がある．変更分析の手順に含めることができる文章のサンプルは次のとおりである．＞

- プロジェクトマネージャーは，プロジェクトチームメンバーに任命して，変更申請書の「セクション2」の項目をすべて記入させる．変更申請書には，変更を完了するための作業とプロジェクトおよび成果物に対する変更の影響を詳述する．
- プロジェクトマネージャーは，要求が実行可能かどうかを判断し，プロジェクトスポンサー，エグゼクティブスポンサー，および／またはCCBによる検討事項に値するかどうかを決定する．

4 変更要求の承認プロセス

＜プロジェクトの範囲，スケジュール，コストのベースラインの変更を評価，承認，および伝達するために使用されるプロセスを文書化すること．このセクションでは，変更を評価し，変更記録を維持し，提案された変更を管理者に提示し，変更をレビューし，承認／却下するために，プロジェクトチームのどのメンバーが必要かを定義すること．変更要求承認プロセスで使用できる文章のサンプルは次のとおりである．＞

- 変更の影響が記録されると，プロジェクトマネージャーは，プロジェクトスポンサー，エグゼクティブスポンサー，および／または承認／却下を判定するCCBに変更申請書を送付する．
- プロジェクトスポンサー，エグゼクティブスポンサー，および／またはCCBは，変更要求をレビューする．その後，変更申請書の「セクション3」の項目をすべて記入し，それをプロジェクトマネージャーに返すことによって，決定事項を伝える．
- 承認された場合，プロジェクトマネージャーは，変更を反映するために適切なプロジェクト文書を更新する．例えば，範囲が変更された場合，プロジェクトスコープステートメントには更新された範囲を反映する必要がある．承認された変更が，契約範囲，スケジュール，コスト，またはその他の条件に影響を与える場合は，対応する契約の変更も必要となる可能性がある．
- 却下された場合，プロジェクトマネージャーは変更管理ログを更新する．

5 変更の追跡

<提案されたすべての変更の明確なトレーサビリティのために，プロジェクトに対して提出，承認，却下されたすべての変更のマスターログを維持するプロセスを記述すること．以下は使用可能な文章のサンプルである．>

- プロジェクトマネージャーは，すべての変更要求と各要求の決議のマスターログを維持する．すべての要求は，変更管理ログに維持される．添付書類Bには，変更管理ログのサンプルが含まれている．
- 承認された変更については，プロジェクトマネージャーは変更申請書の「セクション4」の項目をすべて記入し，プロジェクト文書の更新が完了したことを示し，ほかのプロジェクト成果物とともに申請書を保管する．

添付書類A：プロジェクト変更申請書のサンプル

<table>
<tr><th colspan="4">プロジェクト情報</th></tr>
<tr><td colspan="2">プロジェクト名：</td><td colspan="2">プロジェクト番号：</td></tr>
<tr><td colspan="4">プロジェクトマネージャー：</td></tr>
<tr><th colspan="4">セクション1：変更の要求</th></tr>
<tr><td colspan="2">申請者：
申請者連絡先：</td><td>申請日：</td><td>変更要求番号：
記入者(PM)</td></tr>
<tr><td colspan="3">変更項目：</td><td>優先度：</td></tr>
<tr><td colspan="4">変更内容：</td></tr>
<tr><td colspan="4">推定コストと時間：</td></tr>
<tr><th colspan="4">セクション2：変更の評価</th></tr>
<tr><td colspan="2">評価者：</td><td colspan="2" rowspan="2">必要な作業：</td></tr>
<tr><td colspan="2">影響：</td></tr>
<tr><td colspan="4">コスト，スケジュール，範囲，品質，およびリスクへの影響：</td></tr>
<tr><th colspan="4">セクション3：変更の決議</th></tr>
<tr><td>承認　□
却下　□</td><td>承認者：</td><td>署名：</td><td>日付：</td></tr>
<tr><td colspan="4">コメント：</td></tr>
<tr><th colspan="4">セクション4：変更の追跡</th></tr>
<tr><td>完了日：</td><td>実施者：</td><td>署名：</td><td>日付：</td></tr>
<tr><td colspan="4">上の署名は，プロジェクト文書が，承認された変更を正確かつ包括的に反映するように更新されたことを示す．</td></tr>
</table>

Page 7 of 8

添付書類B：変更管理ログのサンプル

プロジェクト情報	
プロジェクト名：	プロジェクト番号：
プロジェクトマネージャー：	

変更要求番号	変更内容	優先度	申請日	申請者	ステータス（評価中，保留，承認，却下）	決議日	決議結果／コメント

付録J

和文索引

記号

(ISC)²倫理規定　0085
*完全性属性　0392
*属性　0389

数字

1回の無制限アクセス　0935
1要素認証　0936
2重制御　0542
2人ルール　0593
3DES　0488
3ウェイハンドシェイク　0646
5つの証拠規則　1111
802.1QおよびISLタギング攻撃　0804

あ

アーカイブ　1157
アーティファクト　1106
アイデンティティ管理　0911, 1136
アイデンティティの証明　0957
アウトソーシング　1212
アカウント管理　0914
アカウント番号　0901
アカウントロックアウト　0997, 0999
アクセス管理　1136
アクセス権　1361
アクセス集約　0995, 1012
アクセス制御　0378, 0529, 0883
　DBMS——　1369
　強制——　0274, 0404, 0989, 1368
　任意——　0274, 0404, 0895, 0989, 0990, 1368
　非任意——　0990
　ビューベースの——　1369
　物理——　0892
　ルールベースの——　0989
　ロールベースの——　0986, 1137
　論理——　0890
アクセス制御攻撃　0994
アクセス制御システム　1259
アクセス制御トークン　0893
アクセス制御ポリシー　0163, 0894
アクセス制御モデル　0397, 0895
アクセス制御リスト　0895, 0988, 1166
アクセスモード　0389, 0890
アクティビティモニター　1427
アクティブ赤外線センサー　1254
アクティブモード　0669
アジャイルソフトウェア開発　1483
アタックツリー　0842
アドウェア　1423
アドホックモード　0706
あなたが知っているもの　0936
あなたが何であるか　0936
あなたが持っているもの　0936
アノマリー検出　1178
アノマリーベースのIDS　1179
アプリケーションアクセス　0172
アプリケーションセキュリティ診断　0183
アプリケーション層　0640, 0650
アプリケーションプレーン　0816
アプリケーションレイヤー　0816
アプリケーションレベルプロキシー　0760

アルゴリズム　0464
合わせガラス　0580
暗号アルゴリズム　0718
暗号化　0174, 0281, 0464, 0718
暗号解読　0464, 0563
暗号解読攻撃　0565
暗号化削除　0282
暗号化テキスト　0464
暗号化テキスト単独攻撃　0565
暗号化電子メール　0728
暗号強度　0719
暗号時限爆弾　0532
暗号消去　0281, 0282
暗号フィードバックモード　0483
暗号ブロック連鎖モード　0470, 0482
暗号文　0464
暗号ペイロード　0778
暗号ロック　1291
アンチパスバック　1286
アンチパスバックソリューション　0893

い

イーサネット　0797
いたずら　1424
位置固定カメラ　1266
一方向関数　0496
一方向ハッシュ　0720
一貫性　1368
一般ユーザー　1144
イベント　0196
違法ソフトウェア　0058
インサイダー攻撃　0424, 0992
インシデント　0067, 1233
インシデント管理　1164, 1173
インシデントハンドリング　1102
インシデントレスポンス　1102, 1163
因数分解攻撃　0569
インスタントキー　1293
インスタントメッセージングシステム　0770
インターネット鍵交換　0779
インターネットコンピューティングモデル　1359
インターネット制御メッセージプロトコル　0643, 0659
インターネットプロトコル　0641, 0653
インターネットプロトコルカメラ　1268
インターネットリレーチャット　0772
インターフェーステスト　1062
インタープリター型言語　1385
インテリジェントキー　1291
イントラネット　0657
インフラストラクチャーモード　0707
インフラストラクチャーレイヤー　0816
インベントリー管理　0288

う

ウイルス　1413
　コンパニオン――　1415
　コンピュータ――　1413
　システム感染型――　1415
　スクリプト――　1417
　デマ――　1418
　電子メール――　1416
　ファイル感染型――　1414
　ブートセクター感染型――　1415
　マクロ――　1417
　マルチパータイト――　1416
ウイルス対策ソフト　0054, 1038, 1151, 1426
ウェルノウンポート　0656
ウォークスルードリル　1239
ウォーターフォールモデル　1340
ウォーダイヤリング　0184, 0765
ウォードライビング　0185
ウォームサイト　1209
ウォームスペア　1215
受け入れテスト　1482
埋め込み錠　1289
上書き　0280, 1162
運用コントロール　0153
運用レベルに関するアグリーメント　1148

え

影響　0136
営業秘密　0058
永続性　1368
エキスパートシステム　1373
エクストラネット　0657
エクストリームプログラミング　1344
遠隔会議　0769
エンタープライズセキュリティアーキテクチャー　0142, 0347, 0373
エンタープライズリスクマネジメント　0196, 0198
エンティティ完全性　1351

エンド・ツー・エンド暗号化　0308, 0529
エンドユーザー　0034
エンドユーザーライセンス契約　0059

お

欧州ネットワーク情報セキュリティ機関　0071, 0321, 0442
オーディエンス　1361
オーナー　0035
オーバーラッピングフラグメント攻撃　0852
オープン・グループ・アーキテクチャー・フレームワーク　0382
オープンシステム認証　0706
オープンソース　1379
オープンプロキシーサーバー　0671
オープンメールリレーサーバー　0838
オープンリレー　0667
屋外カメラ　1264
オブジェクト指向データベース　1346
オブジェクト指向データベースモデル　1354
オブジェクト指向のセキュリティ　1393
オブジェクト指向プログラミング　1391
オブジェクト署名　0730
オブジェクト署名証明書　0727
オブジェクトの再利用　1162, 1404
オペレーティングシステム　0371
オレンジブック　0403
音響センサー　0581, 1278
音声認識　0946
オンライントランザクション処理　1371
オンライン分析処理　1361

か

カーネルモード　0418, 1435
回帰テスト　1056, 1481
回帰分析　1056
改ざん　0717
改ざん検知ソフトウェア　1428
回線交換ネットワーク　0795
改善メンテナンス　1058
階層化　0418
階層型データベース管理モデル　1348
階層モデル　1348
海賊版ソフトウェア　0059
ガイドライン　0092
外部キー　1350
外部診断　0181
外部ホットサイト　1209
外部レビュー　1174
開放型システム間相互接続モデル　0638
カウンターモード　0485
顔画像　0944
鍵　0464, 0718
鍵暗号化鍵　0548
鍵エスクロー　0554
鍵回復　0554, 0738
鍵管理　0536, 0738
鍵空間　0465
鍵長　0470, 0546, 0719
鍵の預託　0554
鍵配布　0548
鍵配布センター　0549, 0925
鍵ラッピング　0548
拡散　0466
攪拌　0466
隔離セカンダリーPVLAN　0827
隠れチャネル　0428, 1130, 1403, 1443
火災感知　0599
火災感知器　0599
カスタマーエッジ　0689
仮想化　0422, 1160
仮想回線　0795
　交換——　0795
　恒久——　0795
仮想スイッチ　0829
　分散——　0830
仮想ストレージ　1159
仮想スマートカード　0972
仮想プライベートネットワーク　0776
仮想マシン　0422, 0821
仮想メモリー　0369
仮想ローカルエリアネットワーク　0802
カテゴリー化　0284, 1147
可動式照明　1257
可能性　0135
ガバナンス　0046
カバレッジ　1053
　条件——　1054
　ステートメント——　1053
　データフロー——　1054
　パス——　1054
　判断——　1053
　分岐——　1053
　マルチコンディション——　1054

ループ―― 1054
カプセル化 1391, 1393, 1438
カプセル化ブリッジ 0748
壁 1253
ガベージコレクション 1388
カメラ 1264
位置固定―― 1266
インターネットプロトコル―― 1268
屋外―― 1264
ドーム―― 1266
パン／チルト／ズーム―― 1266
モーション起動―― 1277
可用性 0009, 0710, 0837, 0885, 1174
ガラス 0580
合わせ―― 0580
強化―― 0580
防弾―― 0581
ワイヤー―― 0580
ガラス破壊センサー 0581
ガレージ 0582
管轄権 0063, 0273, 1118
関係チェック 1473
監査基準報告書70 1074
監査レコード 1041
監査ログ 0952
換字 0465
換字暗号 0472
完全性 0008, 0528, 0711, 0837, 0885, 1109, 1174
完全性制約 1351
完全性チェックソフトウェア 1428
完全知識診断 0183
完全仲介 0416
完全停止 1241
完全な開示 1380
完全な認定 1333
監督委員会 0030
管理アシスタント 0038
管理コントロール 0146, 0152, 0156
管理者アカウント 1139
管理図 0194
管理の連鎖 1109, 1170

き

キーコントロール 1296
キーストロークダイナミクス 0950
キーロック 1288
機会 0195
企業の知 1372
機器ライフサイクル 0291
技術コントロール 0152, 0169
机上演習 1239
擬似乱数 0545
偽装 0717
既知のウイルススキャナー 1427
既知平文攻撃 0566
機能ごとのドリル 1240
機能テスト 1054, 1482
機能要件 0398
基本ブロック暗号モード 0481
機密性 0008, 0089, 0527, 0711, 0835, 0885, 1174
きめ細かなパスワードポリシー 1001
キャッシュポイズニング 0861
キャッシング 0821
脅威 0134
脅威マトリックス 0101, 0572
脅威モデリング 0206, 0399, 1050
境界制御 0378, 1166
境界チェック 1332
境界防御 0834
境界ルーター 0741
強化ガラス 0580
強化*属性 0390
競合状態 0428, 1447
強制アクセス制御 0274, 0404, 0989, 1368
強制休暇 0114
共通アーキテクチャーフレームワーク 0381
共通アプリケーションサービス要素 0649
共通セキュリティサービス 0377
共有鍵認証 0706
――の欠陥 0708
距離ベクター型アルゴリズム 0642
記録保持ポリシー 0298
緊急事態運用センター 1245
緊急時対応計画 0096, 1474
緊急時対応計画グループ 1245
緊急時対応計画プログラム 1242
緊急事態管理組織 1244
緊急事態管理チーム 1228
緊急事態レスポンスチーム 1229
緊急照明 1257
金庫 1293
金庫室 1294
近接型カード 1261

く

空気汚染　0597
クエリー攻撃　1365
組み込みシステム　0431
クライアントSSL証明書　0726
クライアント認証　0722
クラウドコンピューティング　0459
クラウドストレージ　1157
クラス　0654
クラスターコンピューティング　0458
クラスター通信　0440
クラスタリング　1216
グラム・リーチ・ブライリー法　0045, 0071
クリア　0280
クリアテキスト　0464
クリーンルーム　1341
グリッドコンピューティング　0458
クリッピングレベル　1363
グレーリスト　1185
クローズド診断　0182
クローニング　0822
クロスサイトスクリプティング攻撃　1404

け

経営幹部　0020, 0035
蛍光灯　1258
継承　1392, 1394
継続的改善　0194
警備員　0037, 0153, 0593, 1248, 1272
警報監視　1275
ゲート　1252
ケーブルプラント管理　0588
ケーブルモデム　0812
血管パターン　0948
欠陥率　1151
煙感知器　0599
現金自動預け払い機　0427
権限昇格　0844
原子性　1351, 1368
検知コントロール　0149
現地年間頻度推定値　0132
顕熱冷却　0597

こ

公開鍵　0496, 0711, 0719
公開鍵アルゴリズム　0496
公開鍵暗号　0711, 0718
公開鍵基盤　0534, 0713, 0736
公開鍵証明書　0714
交換仮想回線　0795
交換コスト　0192
恒久仮想回線　0795
光源　1258
虹彩認識　0946
公衆交換電話網　0764
高信頼コンピュータシステム評価基準　0388, 0403
高信頼コンピューティングベース　0404, 0416, 1433
構成管理　0158, 0288, 1131, 1200, 1203, 1455
構成管理データベース　0289
構成項目　0288
構造化プログラミング開発　1341
構造的なウォークスルーテスト　1239
構造テスト　1053
候補キー　1350
合理性チェック　1473
コーデック　0698
コード署名　1479
コード分析　1450
コールドサイト　1209
コールドスペア　1215
顧客関係管理　0916
国際データ暗号化アルゴリズム　0493
国際電気通信連合　0323, 0730
国際電気標準会議　0322
国際標準化機構　0041, 0322, 0410, 1335
国際武器取引規則　0060
国立標準技術研究所　0040, 0118, 0202, 0318, 1100, 1470
互恵協定　1205, 1212
故障モード影響解析　0125
個人識別情報　0064
個人識別情報検証　0896, 0958, 1262
個人識別番号　0427, 0901
コスト値　0643
国家サイバーセキュリティフレームワークマニュアル　0324
固定ルーティング　0740
ゴミ箱あさり　0185, 0187, 1420, 1448
コミュニティクラウド　0461
コミュニティセカンダリーPVLAN　0827
コモンクライテリア　0354, 0407

雇用契約書　0111
誤用ケース　1062
コンセントレーター　0746
コンテナ　1295
コンテンツ配信ネットワーク　0763
コンテンツフィルタリング　0672
コントロール
運用――　0153
管理――　0146, 0152, 0156
キー――　1296
技術――　0152, 0169
検知――　0149
――の粒度　1445
指示――　0146
是正――　0150
データライフサイクル――　0266
バックアップ――　1449
復旧――　0151
物理――　0152, 0153
防止――　0148
補償――　0148
マルウェア――　0173
抑止――　0147
論理――　0152, 0169
コントロールフレームワーク　0040
コントロールプレーン　0816
コントロールレイヤー　0816
コンバージドIPネットワーク　0679
コンパイラ型言語　1385
コンパニオンウイルス　1415
コンピュータインシデントレスポンスチーム　0019
コンピュータウイルス　1413
コンピュータ犯罪　1115
コンピュータフォレンジック　1096
コンピュータ倫理　0073
コンプライアンス　0018, 0044, 0046
コンプライアンススキャン　0850
コンポーネントベース開発　1344
根本原因の分析　1172

さ

サーキットレベルプロキシー　0760
サーバーSSL証明書　0726
サーバー認証　0722
サーバールーム　0590
サービスアカウント　1139
サービス拒否攻撃　0659, 0857, 0904, 1365
分散型――　0858, 0904
サービス指向アーキテクチャー　0431
サービス組織統制レポート　1074
サービスデスク管理者　0038
サービス品質　0822
サービスレベルアグリーメント　0218, 0222, 1148
サービスレベル要件　0220
サービスレベルレポート　0222
サーベンス・オクスリー法　0076
災害復旧　0094, 1223
災害復旧計画　0095, 0157, 1227
最高情報セキュリティ責任者　0016
最小特権　0008, 0114, 1136, 1141, 1143
最大許容停止時間　0100, 1208
最短経路優先アルゴリズム　0642
サイドチャネル攻撃　0567, 0568
サイバーフィジカルシステム　0516
財務リスク　0095
再利用モデル　1344
サインオンの削減　0921
詐称　0717
サニタイズ　0280, 1332
サニティチェック　1473
サブネットマスク　0655
サプルメンテーション　0316
差分線形解読法　0567
差分電力解析　0567
差分バックアップ　1207, 1221
サラミ詐欺　1423
産業制御システム　0519, 0673
参照完全性　1351
参照モニター　0416, 1434
暫定の認定　1333
サンドボックス　1186, 1390, 1453
残留磁化　1162

し

シーケンスエラー　0697
シールド付きツイストペア　0752
シールドなしツイストペア　0752
資格情報管理　0960
資格情報管理システム　0962
資格情報プロバイダー　0967
時間領域リフレクトメトリーシステム　1255
磁気ストライプカード　1261

識別　0898
識別バッジ　0899
識別名　0918
事業影響度分析　0098, 0962, 1148, 1161, 1224, 1236
事業継続　0094
事業継続計画　0095, 0157, 1224
事業継続プランナー　0036, 1244, 1246
磁気ロック　1285
シグネチャースキャナー　1427
シグネチャー分析　1178
資産価値　0132
資産管理　0288, 1199
指示コントロール　0146
事情聴取　1117
辞書攻撃　0570
システムアクセス制御　0171
システムイベント　1039
システムエンジニアリング　0352
システムオペレーター　1142
システム開発ライフサイクル　1327
システム感染型ウイルス　1415
システム管理者　0037, 1140
システムモデリング言語　0400
システムライフサイクル　1327
システムレベルのテスト　1056
次世代暗号化標準　0488
施設　0884
シチズンプログラマー　1402
実行可能スペース保護　0368
実行可能なコンテンツ　1405
実装攻撃　0567
ジッター　0696
自動テスト　1048, 1482
自動ログアウト　0954
時分割多元接続　0705
シミュレーションテスト　1239
指紋認証　0944
ジャーナリング　1222
シャドウIT　0423
シャドウリカバリー　1347
集中管理　0891
周波数分割多元接続　0705
周波数ホッピング方式スペクトラム拡散　0704
集約　0450, 1363
主キー　1350
出力ノード　0689
出力フィードバックモード　0484
手動テスト　1048
巡回冗長検査　1428
消火器　0584
消火システム　0584, 0600
衝撃センサー　0581
条件カバレッジ　1054
証拠　1096
　——の完全性　1109
　——の真正性　1109
　——の認容性　1111
　デジタル——　1096, 1099, 1111, 1112
消磁　0280, 1162
状態攻撃　0428
状態マシンモデル　0386
冗長性　1215
衝突　0464
衝突耐性　0563
商標法　0057
情報オーナー　0035, 0258, 0284, 1146
情報システム監査人　0036
情報システムコントロール協会　0123, 0413
情報システムセキュリティ責任者　0016
情報システムセキュリティ専門家　0035
情報システム専門家　0036
情報セキュリティガバナンス　0011
情報セキュリティ責任者　0017
情報セキュリティの継続的監視　1067, 1472
情報セキュリティマネジメント　0012
情報セキュリティマネジメントシステム　0410
情報のライフサイクル　1146
情報フローモデル　0388
情報保証チーム　1479
照明　0582, 1256
　可動式——　1257
　緊急——　1257
　スタンバイ——　1257
　赤外線——　1259
　連続——　1257
証明書　0721
　CA——　0727, 0735
　S/MIME——　0726
　オブジェクト署名——　0727
　クライアントSSL——　0726
　サーバーSSL——　0726

——の更新　0738
——の失効　0739
証明書失効リスト　0534, 0739
証明書チェーン　0735
証明書ベースの認証　0723, 0724
初期化ベクター　0465, 0469
職務の分離　0112, 0541, 1141, 1143
ジョブローテーション　0111, 1141, 1145
署名ダイナミクス　0948
ショルダーサーフィン　0997, 0998, 1420, 1445
自律システム　0650
知る必要性　0008, 0114, 0541, 1137
指令センター　1229
侵害　0067
シンクライアントアーキテクチャー　0429
シングルサインオン　0378, 0729, 0921
人工知能　1372
真正性　1109
シンセティック性能監視　1045
シンセティックトランザクション　1045
侵入検知システム　0846, 1119, 1166, 1373
ネットワーク型——　0421, 1176
ホスト型——　0421, 1177
侵入防御システム　1119, 1167
尋問　1109
信頼できる第三者モデル　0932
信頼できるパス　1433
信頼の連鎖　0958
信頼の輪　0713

す

水銀灯　1258
スイッチ　0750
推論　0449, 1365
スーパーバイザー状態　0418
スキーマ　1352
スキミング　0903
スキャンツール　0851
スキュタレー　0524
スクリーンスクレーパー　0784
スクリーンセーバー　0954
スクリプトウイルス　1417
スクリプトホスト　1417
スケアウェア　0053
スコーピング　0315
スター型　0792
スタティックパケットフィルタリング　0758
スタンダード　0092
スタンバイ照明　1257
ステートフルインスペクション　0759
ステートフルマッチング　1179
ステートメントカバレッジ　1053
ステガノグラフィー　0554, 1130
ステルススキャン　0842
ストリームベース暗号　0467
ストレージチャネル　0428, 1403
スナップショット　0822
スニッフィング　0836
スパイウェア　1423
スパイラル手法　1341
スパニング　1218
スパニングツリー攻撃　0806
スパニングツリー分析　0128
スパム　0839
スパムフィルタリング　1185
スプリットブレイン状態　0440
スペア　1215
ウォーム——　1215
コールド——　1215
ホット——　1215
スペクトラム拡散　0704
スマートカード　1262

せ

脆弱性　0132
WEPの——　0709
ソフトウェアの——　1064
脆弱性管理　0159
脆弱性管理ソフトウェア　1038
脆弱性診断　0180
脆弱性スキャナー　0998, 1051, 1194
脆弱性スキャン　0850, 1200
脆弱性評価　0133, 0177, 0572, 0574, 1173
脆弱性分析　0180, 0188
脆弱性マトリックス　0574
静的アプリケーションセキュリティテスト　1188
静的ソースコード分析　1050
静的テスト　1048
静的バイナリーコード分析　1050
セーフハーバー　0048, 0295
セカンダリーPVLAN　0827
石英ランプ　1258
赤外線照明　1259

赤外線センサー　1253
アクティブ――　1254
パッシブ――　1253, 1279
赤外線リニアビームセンサー　1279
セキュアシェル　0801
セキュアハッシュアルゴリズム　0561
セキュリティアーキテクチャー　0346, 0373
セキュリティアソシエーション　0778
セキュリティ意識啓発　0222, 0952
――トレーニング　0223
セキュリティイベント／インシデント管理　0674, 0845, 0848
セキュリティイベント管理　0845, 0848
セキュリティイベント情報管理　0379, 1169
セキュリティインテリジェンスサービス　0848
セキュリティオペレーションセンター　1121
セキュリティカーネル　0416, 1434
セキュリティ監査　1173
セキュリティ管理者　0037, 1143
セキュリティ境界　0742
セキュリティ検証　1032
セキュリティコントロールの評価　0175
セキュリティサポートプロバイダー　0972
セキュリティ識別子　0908
セキュリティ情報とイベント管理　0952, 1037, 1107, 1120
セキュリティゾーン　0153, 0379
セキュリティターゲット　0406
セキュリティ調査　0572
セキュリティトレーニング　0227
セキュリティ認可　1332
セキュリティ評価　0572
セキュリティ評議会　0030
セキュリティ分類　1361
セキュリティモデル　0386
セキュリティレビュー　1173
是正コントロール　0150
是正メンテナンス　1058
セッション鍵　0549
セッション管理　0953
セッション層　0639, 0647
セッションハイジャック　0741, 0842, 0864
セッションハイジャック攻撃　0957
説明責任　0950
セルラーネットワーク　0703
ゼロアワー　1429
ゼロ知識診断　0182
ゼロデイ　1429
線形解読法　0567
差分――　0567
全国チェックリストプログラム　0320
潜在故障　0590
戦術的計画　0029
全体テスト　1241
選択暗号化テキスト攻撃　0566
適応型――　0566
選択平文攻撃　0566
適応型――　0566
全二重　0648
潜熱冷却　0596
戦略的計画　0028

そ

総当たり攻撃　0563, 0570
相互運用性　0715
相互援助協定　1205
相互認証モデル　0931
相対識別子　0908
相対識別名　0918
増分バックアップ　1207, 1221
ソーシャルエンジニアリング　0185, 0569, 1406, 1420, 1447
ソーシャルエンジニアリング攻撃　0208, 0774, 0863
ソースコード分析ツール　1408
ソフトウェアエンジニアリング　1334
ソフトウェア開発ツール　1399
ソフトウェア開発ライフサイクル　0206, 1475
ソフトウェア検証　1031
ソフトウェア定義ストレージ　0820
ソフトウェア定義ネットワーク　0816
ソフトウェアテスト　1032
ソフトウェアの脆弱性　1064
ソフトウェアフォレンジック　1112, 1449
ソフトウェア保証　1483
ソフトウェアライセンス　0290
ソフトウェアライブラリー　1396
ソフトウェアロック　1446
ソフトトークン　0939
ソルト　0563
ゾンビ　0840, 0845
ゾンビプログラム　1422

た

ターンスタイル　1286
帯域外鍵交換　0548
帯域外配布　0479
第三者監査　0953
対称アルゴリズム　0479, 0480, 0495
対称暗号　0479
対称鍵暗号　0718
代数的攻撃　0568
代替キー　1350
代替サイト　0097, 1206
ダイナミックパケットフィルタリング　0759
ダイナミックポート　0656
タイミングチャネル　0428, 1403
楕円曲線暗号　0479, 0499
多換字暗号　0475, 0524
多重化装置　0747
多層防御　0834, 1247
妥当性確認　1032
　データの——　0262, 1331
妥当な注意　0042
他人受入　0943
他人受入率　0943, 0944
ダブルDES　0486
ダブルブラインド診断　0182
多要素認証　0936, 0997, 1139, 1140
単一換字暗号　0474
単一障害点　0096, 0438
単一損失予測　0132
探査モデル　1343
単純完全性属性　0392
単純セキュリティ属性　0389
誕生日攻撃　0569
誕生日のパラドックス　0564
単体テスト　1482
単方向通信　0648

ち

チェックサム　1428
チェックポイントリスタート　1371
チケット許可サーバー　0926
チケット許可チケット　0926
知識の分割　0542
知的財産法　0057
チャイニーズウォールモデル　0396
中間一致攻撃　0487
中間者攻撃　0659, 0660, 0707, 0742, 0806, 0864, 0957
中継ノード　0689
駐車場攻撃　0708
抽象化　0420, 0822
長方形換字表　0474
直接拡散方式スペクトラム拡散　0704
著作権　0058
著作権侵害　0058
直交周波数分割多重　0705

つ

ツイストペア　0752
　シールド付き——　0752
　シールドなし——　0752
通信路攻撃　1407
ツリー型　0788

て

提案依頼書　1149, 1484
ディープパケットインスペクション　1127
低減要因　0101
偵察攻撃　0995
ディスカバリースキャン　0850
定性的リスクアセスメント　0128
定量的リスクアセスメント　0131
ディレクトリー管理　0917
データ暗号化標準　0481
データウェアハウス　0447, 1360, 1362, 1372
データオーナー　0035, 0258, 0274, 0287
データ汚染　0451, 1362, 1364
データ監査　0268
データ管理　0255, 0259
データ管理者　0036, 0259, 0274
データ検証　0262
データ残留　0279, 1162
データ実行防止　1443
データ所有権　0256, 0258
データセキュリティ　0271
データダイオード　0744
データの隠蔽　0420
データの妥当性確認　0262, 1331
データの文書化　0263
データの保存とアーカイブ　0269
データ標準　0265
データ品質　0260
データプレーン　0816

データフローカバレッジ　1054
データフロー図　0446
データベースインターフェース言語　1354
データベースからの知識発見　1372
データベース管理システム　1346
データベース管理者　0287, 1141
データベースシステム　1345
データ保護規則　0293
データ保護指令　0045
データポリシー　0255
データマート　0448
データマイニング　0450, 1362, 1372
データモデリング　0266
データライフサイクルコントロール　0266
データリンク層　0639, 0640
データ漏洩　0067
データ漏洩／損失防止　1125
テーブル　1352
テーラリング　0176, 0315
テールゲーティング　0893
テールゲーティング攻撃　0210
テールゲート　1286
適応型選択暗号化テキスト攻撃　0566
適応型選択平文攻撃　0566
適応メンテナンス　1058
適切な注意　0043, 1111
出口のフィルタリング　1123
デジタル証拠　1096, 1099, 1111, 1112
デジタル証明書　0463
デジタル署名　0463, 0555, 0712, 0720
デジタル署名アルゴリズム　0555
デジタル署名標準　0555
デジタル調査　1096
デジタル著作権管理　0556
デジタル犯罪　1097
デジタルビデオレコーダー　1271
デジタルフォレンジックサイエンス　1096
デジタルミレニアム著作権法　0557
デスクトップセッション　0954
テスト
　インターフェース――　1062
　受け入れ――　1482
　回帰――　1056, 1481
　機能――　1054, 1482
　構造的なウォークスルー――　1239
　構造――　1053
　システムレベルの――　1056
　自動――　1048, 1482
　シミュレーション――　1239
　手動――　1048
　静的アプリケーションセキュリティ――　1188
　静的――　1048
　全体――　1241
　ソフトウェア――　1032
　単体――　1482
　――と評価戦略　1031
　統計的――　1055
　統合――　1062
　統合レベルの――　1056
　動的アプリケーションセキュリティ――　1187
　動的――　1048, 1187
　ネガティブ――　1060
　パッチ――　1196
　パラレル――　1240
　品質保証――　1064
　ファジング――　1051
　ブラックボックス――　1048, 1054
　ペネトレーション――　0180, 0186, 0850, 1050, 1173
　ポジティブ――　1060
　ホワイトボックス――　1048, 1053
　ユニットレベルの――　1056
テストチーム　1478
デッドロック　1364, 1367
手の認識　0944
デマウイルス　1418
デュアルカストディ　0893
デュアルキーエントリー　0893
デュアルデータセンター　1208
デュアルテクノロジーセンサー　1281
デュアルホームホスト　0742
電気錠　1284
電気ストライク　1284
転字　0465
電磁干渉　0751
電子決済　0713
電子コードブックモード　0469, 0481
電子情報開示　1096
電子透かし　1131
電子認証　0957
電磁波盗聴　0427
電磁放射　0426

電子ボールティング　1222
電子メールウイルス　1416
伝送制御プロトコル　0646, 0656
転置　0465
転置暗号　0473
テンペスト　0427

と

ドアロック　1284
統一モデリング言語　0400
統計的アノマリーベースのIDS　1179
統計的テスト　1055
統計的プロセス制御　0194
統合開発環境　1400
統合テスト　1062
統合プロダクトチーム　1338
統合プロダクト＆プロセス開発　1338
統合レベルのテスト　1056
同軸ケーブル　0753, 1254
盗聴　0716, 0836, 0903
動的アプリケーションセキュリティテスト　1187
動的テスト　1048, 1187
登録局　0463, 0534, 0740
登録済みポート　0656
トークン　0938, 1468
　ソフト――　0939
　ハード――　0941
トークンパッシング　0796
トークンリング　0798
ドームカメラ　1266
特定アプリケーションサービス要素　0649
独立検証および妥当性確認チーム　1479
独立性　1368
閉じ込め問題　1403, 1443
特許　0057
特権アカウント　1138
特権管理　0168
トップレベルドメイン　0662
トラッキング　1106
トラップドア　1407
トラフィックアノマリーベースのIDS　1181
トランザクション　1351
トランザクション限度チェック　1473
トランスポート層　0639, 0645
トランスポートモード　0779
トリアージ　1104
トリプルDES　0470, 0487
トレーサビリティの連鎖　0382
トロイの木馬　1419
　リモートアクセス型――　1421
トンネリング　0780
トンネルモード　0779

な

内部監査グループ　1479
内部診断　0181
内部ホットサイト　1209
内部レビュー　1174
ナトリウムランプ　1258
なりすまし　0209, 0717, 0860, 0861, 0904
ナレッジ管理　1372
ナレッジベースシステム　1372

に

ニューラルネットワーク　1373
入力ノード　0689
任意アクセス制御　0274, 0404, 0895, 0989, 0990, 1368
認可　0899
認証（Authentication）　0528, 0717, 0722, 0898
　クライアント――　0722
　サーバー――　0722
　証明書ベースの――　0723, 0724
　パスワードベースの――　0722, 0723
認証（Certification）　0403, 1332, 1469
認証局　0463, 0534, 0713, 0721
認証攻撃　0994
認証サーバー　0926, 1039
認証と認定　0202, 0402, 1331, 1332, 1470
認証バイパス攻撃　0995
認証ヘッダー　0776
認定　0403, 1333, 1470
　完全な――　1333
　暫定の――　1333

ぬ

ヌル暗号　0471, 1131

ね

ネガティブテスト　1060
熱感知器　0599
ネットワークアクセス制御　0169, 1039
ネットワークアクセス保護　1039

ネットワークアドレス変換　0758
ネットワーク型IDS　0846, 1119
ネットワーク型侵入検知システム　0421, 1176
ネットワークスキャナー　0849
ネットワーク層　0639, 0641
ネットワークタップ　0851
ネットワークデータベース　1346
ネットワークデータベース管理モデル　1349
ネットワークトポロジー　0787
ネットワークパーティショニング　0742
ネットワークフォレンジック　1112
年間損失予測　0132
年間発生頻度　0132

の

能力成熟度モデル　0359, 1335, 1485
能力成熟度モデル統合　1132
ノンブラインドスプーフィング　0741

は

パージング　0280
パーソナルファイアウォール　0761
ハードトークン　0941
パーベイシブコンピューティング　0432
バイオメトリックシステム　0894
バイオメトリックデバイス　0943
バイオメトリック読み取り装置　0944, 1262
バイスタティック　1254
媒体　0275
　――の破壊　0281
媒体管理　1154
排他的論理和　0467
バイトコード　1386
ハイパーバイザー統合型ストレージ　0824
バイパス攻撃　1363
ハイブリッド暗号　0500
ハイブリッドクラウド　0461
暴露係数　0132
パケット交換ネットワーク　0795
パケットロス　0696
パケットロス隠蔽　0696
バス型　0787
パスカバレッジ　1054
パスワード管理　0912
パスワード推測攻撃　0780, 0929
パスワードベースの認証　0722, 0723
パスワード保護技術　1444
パスワードポリシー　0997, 0999
　きめ細かな――　1001
パスワードマスキング　0997, 1444
パターンベースのIDS　1178
パターンマッチング　1178
ハッカー　0081
　――の倫理　0081
ハッキング　0081
バックアウト計画　1477
バックアップ　1157, 1221
　差分――　1207, 1221
　増分――　1207, 1221
　――コントロール　1449
　フル――　1207, 1221
バックグラウンドチェック　0106
バックグラウンド調査　0106, 1141, 1143, 1145
バックドア　1407
パッシブ赤外線センサー　1253, 1279
パッシブモード　0669
パッシブモニタリング　1045
ハッシュ　1444
ハッシュ関数　0463, 0560, 1109
ハッシュベースのメッセージ認証コード　0502
パッチ管理　1192, 1337, 1476
パッチサイクル　1195
パッチテスト　1196
パッチパネル　0753
発電機　0595
バッファーオーバーフロー　0676, 1401, 1437
ハニーネット　1189
ハニーファーム　1190
ハニーポット　1189
ハブ　0747
パブリッククラウド　0461
パラレルテスト　1240
バランス型磁気スイッチ　1277
パワーユーザー　1140
範囲チェック　1473
搬送波感知多重アクセス　0796
判断カバレッジ　1053
パン／チルト／ズームカメラ　1266
半二重　0648
販売時点情報管理　0423
反復型モデル　1342

ひ

ピア・ツー・ピア　0767
非開示契約　0111
光ファイバー　0754
非干渉モデル　0387
ピギーバック　1286
非機能要件　0398
秘書　0038
ビジョンステートメント　0031
非対称アルゴリズム　0496, 0500
非対称暗号　0496, 0719
ビデオコンテンツ解析　1256
非任意アクセス制御　0990
否認防止　0464, 0497, 0528, 0559, 0717, 0951
非反復型モデル　1341
非武装地帯　0657, 0745
秘密鍵　0496, 0711, 0719
ビュー　1353
ビューベースのアクセス制御　1369
ヒューリスティックスキャン　1427
評価ターゲット　0406
評価保証レベル　0408
標準年間頻度推定値　0132
費用対効果分析　1206
標的型診断　0182
評判リスク　0096
平文　0464
ビルトイン管理者アカウント　1138
品質管理　0261
品質保証　0261
品質保証チーム　1478
品質保証テスト　1064
ピンタンブラーシリンダー　1289
頻度分析　0569

ふ

ファーミング　0862
ファイアウォール　0755, 1039
　パーソナル——　0761
　ホスト型——　0421
ファイル感染型ウイルス　1414
ファシリテイテッドリスク分析プロセス　0125
ファジングテスト　1051
フィッシング攻撃　0209, 0993
フィッシング詐欺　1420
フィルタリング　0756
　出口の——　1123
フィルタリングブリッジ　0749
封じ込め　1105, 1170
ブートセクター感染型ウイルス　1415
フェイルセーフ　1214
フェイルセキュア　1214
フェデレーションID管理　0921, 0930
フェンス　1251
フォーム署名　0728
フォールスネガティブ　0133, 1168
フォールスポジティブ　0133, 1104, 1168
フォールトトレランス　1215, 1347
フォールト分析　0568
フォレンジック　1096, 1111
　コンピューター——　1096
　ソフトウェア——　1112, 1449
　ネットワーク——　1112
　——プログラミング　1450
不確実性　0195
不完全なパラメーターチェック　1437
復元　1233
復号　0464, 0718
不正な入力攻撃　1404
付帯設備　0585
復旧　1108, 1171
復旧コントロール　0151
復旧時間目標　0100, 1207, 1236
復旧戦略　1205
物的資産　1152
物理アクセス制御　0892
物理コントロール　0152, 0153
物理層　0639, 0640
部分知識診断　0183
部分的な開示　1380
プライベートクラウド　0461
プライベートポート　0656
プライマリーPVLAN　0827
ブラインド診断　0181
ブラインドスプーフィング　0741
フラグメンテーション　0641
ブラックボックス診断　0182
ブラックボックステスト　1048, 1054
ブラックリスト　1185
ブリッジ　0748
　カプセル化——　0748

フィルタリング―― 0749
無線―― 0749
プリンシパル 0925
フルバックアップ 1207, 1221
プレイフェア暗号 0472
フレームリレー 0814
プレーンテキスト 0464
プレゼンテーション層 0639, 0648
プロアクティブな監視 1045
プロアクティブなネットワーク防御 0834
ブロードキャスト 0793
ブロードキャストアドレス 0654
プロービング攻撃 0568
プロキシー 0759
Web―― 0761, 1038
アプリケーションレベル―― 0760
サーキットレベル―― 0760
プログラミングツール 1399
プロシージャー 0092, 0165
プロセス協定 1211
プロセス分離 0420, 1438
プロセッサー状態 0417
プロセッサー特権状態 1435
ブロック暗号 0468
ブロックサイズ 0471
プロトコルアノマリーベースのIDS 1180
プロトタイピング 1342
プロバイダーエッジルーター 0689
プロバイダールーター 0689
プロビジョニング 1012
プロファイル管理 0916
プロブレム状態 0418
プロミスキャスセカンダリーPVLAN 0827
フロントエンドプロセッサー 0746
分岐カバレッジ 1053
分散オブジェクト指向システム 1394
分散仮想スイッチ 0830
分散型サービス拒否 1422
分散型サービス拒否攻撃 0858, 0904
分散管理 0892
分散システム 0456
分散制御システム 0519
文章分析 1450
分類 0275, 0284, 1146

へ

平均故障間隔 0590
平均故障時間 1213
米国国家規格協会 0541, 1352
米国電気電子学会 0640
ベイティング攻撃 0210
ベーシック認証 1468
ベースライン 0092
ペネトレーションテスト 0180, 0186, 0850, 1050, 1173
――戦略 0181
ヘルプ／サービスデスク担当者 1144
ヘルプデスク管理者 0038
変更管理 0157, 1197, 1201, 1336, 1476

ほ

ポイント・ツー・ポイント接続 0808
防火 0599
防火システム 0583
防御境界 0742
防護壁 1251
防止コントロール 0148
傍受 1365
防弾ガラス 0581
防犯環境設計 0577
ポータビリティ 0715
ポータル 0593
ポートアドレス変換 0758
ポートスキャン 0841
ポート番号 0656
ポーリング 0796
ボールトサイト 1222
補完 0176
保護キー 0367
保護の輪 1250
保護プロファイル 0408
ポジティブテスト 1060
保証 0218
補償コントロール 0148
ホスト型IDS 0846, 1119
ホスト型侵入検知システム 0421, 1177
ホスト型侵入防御 0421
ホスト型ファイアウォール 0421
ホスト管理 1199
ボット 0845, 1424
ホットスペア 1215

ボットネット　0845, 0858, 1424
ボットハーダー　0769, 0845, 1425
炎感知器　0599
ポリインスタンス化　1392, 1393
ポリシー　0092, 0163
ポリモーフィズム　1392, 1393
ホワイトボックステスト　1048, 1053
ホワイトリスト　1185
本人拒否　0943
本人拒否率　0943

ま

マーキング　0275, 0276
マイクロ波センサー　1254
マクロウイルス　1417
マスキング　0696
マスター鍵　0549
マスター契約　0059
マトリックスベースモデル　0387
マルウェア　1404, 1410
マルウェアコントロール　0173
マルウェア対策システム　1168
マルウェア対策ソフト　1038
マルウェア対策ポリシー　1431
マルチキャスト　0794
マルチキャスト総当たり攻撃　0806
マルチコンディションカバレッジ　1054
マルチパータイトウイルス　1416
マルチパーティ鍵回復　0554
マルチホップFCoE　0685
マルチレイヤープロトコル　0672
マルチレベルラティスモデル　0386
マントラップ　0593, 1286

み

ミッションステートメント　0031
ミドルウェア　0431

む

無形資産　0192, 1152
無線　0700
——LAN　0702
——MAN　0703
——PAN　0702
——WAN　0703
——ネットワーク診断　0185
——ブリッジ　0749
——メッシュネットワーク　0702
無停電電源装置　0442, 0595, 1216

め

メインフレーム　0429
メタデータ　0265, 1360
メタデータ制御　1370
メッシュ型　0791
メッセージ完全性コントロール　0478
メッセージダイジェスト　0501, 0560, 0720
メッセージ認証コード　0501
ハッシュベースの——　0502
メディアアクセス制御　0641
メトリックス　0026, 0325, 1150, 1165
メモリーの再利用　1404
メモリー保護　0367, 1438, 1441
メンテナンスフック　1407

も

網膜スキャン　0947
モーション起動カメラ　1277
モーションパス解析　1256
目標復旧時点　0103, 0822, 1207, 1236
文字チェック　1473
モジュラー数学　0476
モデム　0745
モノスタティック　1254
モバイルコード　1405, 1452
モバイルサイト　1210
モバイル端末管理　0444
モバイルネットワーク　0703
モビリティ　0715
問題管理　1173

ゆ

有形資産　0191, 1152
ユーザーID　0900
ユーザー管理　0165
ユーザーデータグラムプロトコル　0646, 0656
ユーザーモード　0418, 1435
ユースケース　1062
輸出管理規則　0061
ユニキャスト　0793
ユニットレベルのテスト　1056
ユニファイドコミュニケーション　0694

よ

要件収集　0219
要件のステートメント　0219
要塞ホスト　0743
抑止コントロール　0147
予備サイト　1205
呼び出し属性　0393

ら

ライセンスメータリングソフトウェア　0059
ラックセキュリティ　0591
ラベルスイッチング　0687
ランサムウェア　0052
ランタイムシステム　1400
ランダムフレームストレス攻撃　0806
ランニングキー暗号　0477

り

リアルユーザーモニタリング　1045
利益相反　0023
リスク　0118, 0137, 0195, 1474
　――移転　0138
　――回避　0138
　――監視　0120
　――受容　0139
　――低減　0139, 0272
　――の封じ込め　0140
　――の割り当て　0140
　――分析　0121, 0135, 0572
リスクITフレームワーク　0199
リスクアセスメント　0118, 0121, 0135, 0272
リスクマネジメント　0046, 0118, 0271, 1474
リスクマネジメントフレームワーク　0199, 0202, 0320, 1470
リスボン条約　0050
立証責任　1106
リバースエンジニアリング　0570
リピーター　0748
リファレンスチェック　0105
リプレイ攻撃　0568
リムロック　1289
リモートアクセス　0171
リモートアクセス型トロイの木馬　1421
リモートアクセスサービス　0783
量子暗号　0525
量子鍵配布　0526
リレーショナルデータベース　1346
リレーショナルデータベース管理モデル　1349
リンク暗号化　0308, 0529
リング型　0789
リンク状態広告　0643
リングプロテクション　0419

る

ルーター　0751, 1039
　境界――　0741
ルーティングテーブル　0641
ルートアカウント　1138
ルートキット　0845
ループカバレッジ　1054
ループバックアドレス　0654
ルールベースのアクセス制御　0989

れ

レインボーテーブル　0563, 0568
レースコンディション　0428, 1447
レールフェンス　0473
レピュテーションスコア　1429
レプリケーション　0821
連結ディスク　1218
連続照明　1257
連続的改善　0194
連邦情報処理標準　0284, 0318, 1147
連邦情報セキュリティ管理法　1073

ろ

ロールバック　1338
ロールバックリカバリー　1347
ロールベースのアクセス制御　0986, 1137
ログ　1034
ログオンの制限　0955
ログ管理　1035
ログ管理インフラストラクチャー　1036
ログ管理システム　0978, 1169
ロック制御　1367
論理アクセス制御　0890
論理コントロール　0152, 0169
論理セッション　0955
論理爆弾　1423

論理リンク制御　0641

わ

ワークファクター　0465, 0466
ワーム　1417
ワイヤーガラス　0580
忘れられる権利　0278
ワッセナーアレンジメント　0062
ワンタイムパスワード　0938
ワンタイムパッド　0478

付録K 欧文索引

A

ACIDテスト　1368
ACL　0988, 1166
ACPO　1097, 1100
ACS　1259
Active Directoryドメインサービス　0919
ADDS　0919
Administrative Controls　0146, 0152, 0156
ADO　1359
ADSL　0811
AES　0481, 0488
AH　0776
AI　1372
ALE　0132
AMTSO　1190
Annualized Loss Expectancy　0132
Annualized Rate of Occurrence　0132
Anonymous FTP　0669
ANSI　0541, 1352
ARO　0132
ARP　0793
ARP攻撃　0806
AS (Authentication Server)　0926
AS (Autonomous System)　0650
ASLR　0368, 0417, 1442
ATM (Asynchronous Transfer Mode)　0815
ATM (Automatic Teller Machine)　0427
Authenticity　1109
Availability　0009, 0710, 0837, 0885, 1174

B

Bastion Host　0743
BC　0094
BCP　0095, 0157, 1224, 1227
Bell-LaPadula機密性モデル　0388
Between-the-Lines Attack　1407
BGP　0650
BIA　0098, 0962, 1148, 1161, 1224, 1236
Biba完全性モデル　0392
Blowfish　0494
Bluetooth　0701
Breach　0067
Brewer-Nashモデル　0396
Business Continuity　0094
Business Continuity Planner　0036, 1244
Business Continuity Planning　0095, 0157, 1224
Business Impact Analysis　0098, 0962, 1148
BYOC　0979
BYOD　0443

C

C&A　0202, 1331, 1470
CA　0463, 0534, 0713, 0721
Caesar暗号　0474, 0524
CASE (Common Application Service Element)　0649
CASE (Computer-Aided Software Engineering)　1343
CAST　0493
CA階層化　0735

CA証明書　0727, 0735
CBA　1206
CBCモード　0470, 0482
CCMP　0489
CCTV　0037, 1253, 1256, 1263
CDMプログラム　1122
CDN　0763
Certification and Accreditation　0202, 1331
CFBモード　0483
Chain of Custody　1109, 1170
Chain of Trust　0958
CIDR　0655
CIFS/SMB　0665
CIP　0523
CIRT　0019
CISO　0016
Clark-Wilson完全性モデル　0394, 1351
CMaaS　1121
CMM　0359, 1335, 1485
CMMI　1132
COBIT　0123, 0413
Compensating Controls　0148
Confidentiality　0008, 0089, 0711, 0835, 0885, 1174
Containment of Risk　0140
Contingency Planning　0096, 1474
Contingency Planning Program　1242
Continuous Monitoring as a Service　1121
CORBA　1395
Corrective Controls　0150
COSO　0122, 0201
Covert Channel　0428, 1403, 1443
CPS　0516
CPTED　0577
CRAMM　0125
CRC　1428
CRL　0535, 0739
CRM　0916
CSIRT　0038
CSIS　0324
CSMA　0796
　——/CA　0796
　——/CD　0796
CTRモード　0485
CVE　1192
CVS　1461

D

DAC　0274, 0404, 0990, 1368
DAST　1187
Data Custodian　0036, 0259
Data Disclosure　0067
DBMS　1346
DBMSアクセス制御　1369
DCB　0683
DCS　0519
DDoS　0858, 1422
DEP　1443
DES　0481
　ダブル——　0486
　トリプル——　0470, 0487
Detective Controls　0149
Deterrent Controls　0147
DevOps　1339
DFD　0446
DHCP　0658
Diffie-Hellmanアルゴリズム　0499
Directive Controls　0146
Disaster Recovery　0094, 1223
Disaster Recovery Planning　0095, 0157, 1227
Discretionary Access Control　0274, 0404, 0990, 1368
DLP　1125
DMCA　0557
DMZ　0657, 0745
DN　0918
DNS　0662
DNSSEC　0862
DNSスプーフィング　0861
DoDI 8510.01　0204, 0317
DoDモデル　0638
DOJ　1100
DoS　0857
DoS攻撃　0659, 0858, 0860
DoS診断　0184
Double-Encapsulated 802.1Q/Nested VLAN Attack　0804
DPI　1127
DR　0094, 1223
DRM　0556
DRP　0095, 0157, 1227
DSA　0555
DSL　0811

DSS 0555
DSSS 0704
Dublin Core 1360
Due Care 0042
Due Diligence 0043, 1111
Dumpster Diving 0185, 1420
DvSwitch 0830
Dynamic Tiering 0821

E

EAL 0408
EAR 0061
ECBモード 0470, 0481
ECC 0479, 0500
EJB 1396
ElGamal 0479, 0499
Emergency Management Team 1228
Emergency Response Team 1229
EMI 0751
EN 0689
ENISA 0071, 0321, 0442
ESA 0347, 0373
ESMTP 0667
ESP 0778
EULA 0059
EU著作権指令 0558
Evaluation Assurance Level 0408
Event 0196
Exposure Factor 0132
Eキャリア 0809

F

False Acceptance 0943
False Rejection 0943
FBI 1100
FC 0682
FCIP 0682
FCoE 0683
FDDI 0799
FDMA 0705
FEAF 0381
FEMA 0583, 0587
――RMS 0587
FGPP 1007
FHSS 0704
Fieldbus 0678
Finger 0855
FINスキャン 0842
FIPS 0284, 0318, 1147
――199 0284, 0318, 1147
――200 0318
Firewalk 0661
FISMA 0048, 0318, 1073
FMEA 0125
Fraggle攻撃 0853
FRAP 0125
FRR 0689, 0692
FSGO 0075
FTP 0667
Anonymous―― 0669
――over SSH 0668

G

GINAアーキテクチャー 0967
GLBA 0045, 0071
Graham-Denningモデル 0397
GRC 0046
GSM 0703

H

HAIPE 0780
Harrison-Ruzzo-Ullmanモデル 0397
HAVAL 0562
HIDS 0421, 1119, 1177
HIPAA 0045, 0071, 1212
HMAC 0502
Hoax 1418
HTTP 0670
――トンネリング 0672
――プロキシー 0671
HVAC 0592, 0596

I

IaaS 0217, 0271, 0461
IACIS 1100
IAM 0976, 0993, 1136
IANA 0656
IA緩和ガイダンス 0317
IB 0682
ICAM 0973
ICMP 0643, 0659
ICMPリダイレクト攻撃 0660
ICOFR 1074
ICS 0519, 0673

ICS-CERT 0677
IDaaS 0975
IDE 1400
IDEA 0493
Identity as a Service 0975
IDS 0846, 1038, 1119, 1167
アノマリーベースの―― 1179
統計的アノマリーベースの―― 1179
トラフィックアノマリーベースの―― 1181
ネットワーク型―― 0846, 1119
パターンベースの―― 1178
プロトコルアノマリーベースの―― 1180
ホスト型―― 0846, 1119
IDS管理 1183
IEC 0322
――62351 0522
――62443 0522
IEEE 0640
――802.3 0797
――802.5 0798
――802.11 0701
iFCP 0682
IGMP 0644
IKE 0779
Impact 0136
Incident 0067
Information Systems Auditor 0036
Infrastructure as a Service 0217, 0271, 0461
Integrity 0008, 0711, 0837, 0885, 1109, 1174
IOCE 1097
IOCE/G8の原則 1099
IoT 1465
IP 0641, 0653
IPPD 1338
IPS 1038, 1119, 1167
IPSec 0776
――VPN 0802
IPT 1338
IPv6 0655
IPアドレス 0654, 0901
IPコンバージェンス 0679
IPスプーフィング 0864
IPスプーフィング攻撃 0741
IP通信 0694
IPテレフォニー 0694
IPテレフォニー診断 0186
IPフラグメンテーション攻撃 0852
IRC 0772
ISACA 0123, 0413
ISCM 1067, 1472
iSCSI 0682, 0686
ISDN 0807
ISKE 0313
ISMS 0410
ISO 0041, 0322, 0410, 1335, 1352
――9001 1335
――27001 0041, 0522
――27002 0123, 0522
――27032 0522
――31000 0200
ISO/IEC
――15288 0352
――15408 0407
――21827 0359
――27001 0322, 0410
――27002 0322, 0410
――90003 1335
――JTC 1/SC 7 1485
ISSO 0016
ITAR 0060
ITGI 0011, 0123, 0413
ITIL 0122, 0382
ITSEC 0406
ITU 0323, 0730
ITU-T 0323, 0918
ITガバナンス協会 0011, 0123, 0413
IT資産管理 0288
ITセキュリティ評価基準 0406
IV 0465, 0469

J

Jabber 0770
JAD 1343
Java RMI 1396
Java仮想マシン 1386
Javaセキュリティ 1386
JDBC 1356
Joint Analysis Development 1343
JVM 1386

K

KBS 1372
KDC 0549, 0925

KDD 1372
KEK 0548
Kerberos 0925

L

L2TP 0780
L2擬似回線 0691
L3VPN 0691
LAFE 0132
LDAP 0662, 0737, 0919
LDP 0690
Least Privilege 0008, 0114, 1136, 1141, 1143
LER 0689
Likelihood 0135
Lipnerモデル 0395
LLC 0641
Local Annual Frequency Estimate 0132
Locardの交換原理 1098
Logical Controls 0152, 0169
LSR 0689

M

MAC（Mandatory Access Control） 0274, 0404, 0989, 1368
MAC（Media Access Control） 0641
MAC（Message Authentication Code） 0501
MACアドレス 0641, 0901
MACフラッディング攻撃 0803
Management Controls 0152
Mandatory Access Control 0274, 0404, 0989, 1368
Maximum Tolerable Downtime 0100, 1208
MD5 0561
MDM 0444
Meet-in-the-Middle Attack 0487
MFA 0937
MIC 0478
Misuse Case 1062
Mitigating Factor 0101
Modbus 0678
Modified Prototype Model 1342
MPLS 0687, 0799
MPLS高速リルート 0689, 0692
MPM 1342
MTBF 0590
MTD 0100, 1208
MTTF 1213

N

NAC 0169, 0857, 1039
NAP 1039
NAS 1217
NAT 0758
NBI 0820
Need to Know 0008, 0541, 1137
NetBIOS 0664
NFS 0666
NFS攻撃 0853
NIDS 0421, 1119, 1176
NIS 0664
NIS+ 0665
NIST 0040, 0118, 0202, 0318, 1100, 1470
NISTIR
——7316 0897
——7628 0522
NNTP 0855
nonce 0779, 0938
Nondiscretionary Access Control 0990
NTP 0856
NULLスキャン 0842
NVD 0178, 0327

O

OAuth 1468
OCSP 0739
OCTAVE 0126
ODBC 1355
OFBモード 0484
OFDM 0705
OIUA 0935
OLA 1148
OLAP 1361, 1373
OLE DB 1357
OLTP 1371
OMG 1395
Once In-Unlimited Access 0935
OOP 1391
OpenFlow 0818
OpenID Connect 0506
Operational Controls 0153
Opportunity 0195
OS 0371
OSIモデル 0638, 0652
OSPF 0642

OTP 0938
Oversight Committee 0030
OWASP 0506, 1377, 1469

P

P2P 0767
——アプリケーション 0768
PaaS 0217, 0218, 0283, 0460
PACS 0895
PAT 0758
PBX 0766
PCI DSS 0046, 0286, 0409, 0413
PCIデータセキュリティ基準 0046, 0286, 0409, 0413
PCS 0704
PDCAサイクル 0193
PECR 0072
Personal Identity Verification 0896, 0958, 1262
Physical Controls 0152, 0153
Physical Security Personnel 0037
PIDASフェンス 0586
PII 0064
PIN 0427, 0901
Ping of Death 0659
pingスキャン 0660
PIV 0896, 0958, 1262
PKI 0534, 0714, 0736
Platform as a Service 0217, 0283, 0460
PLC（Packet Loss Concealment） 0696
PLC（Programmable Logic Controller） 0519, 0674
POS 0423
POTS 0766
PP 0408
PPTP 0780
Pretexting 0209
Preventative Controls 0148
Protection Profile 0408
PSTN 0764
PUA 1191
PVC 0795
PVLAN 0826
隔離セカンダリー—— 0827
コミュニティセカンダリー—— 0827
セカンダリー—— 0827
プライマリー—— 0827
プロミスキャスセカンダリー—— 0827

Q

QA 0261
QA/QCメカニズム 0261
QC 0261
QKD 0526
QoS 0822

R

RA 0463, 0534, 0740
RAD 1343
RADIUS 0781
RADSL 0811
RAID 0823, 1218
——0 1218
——0+1 1220
——1 1218
——1+0 1220
——2 1219
——3 1219
——4 1219
——5 1219
——6 1219
RAIT 1220
Rapid Application Development 1343
RAT 1421
RBAC 0986, 1137
RC4 0495
RC5 0494
RCA 1172
rcp 0784
RDN 0918
Recovery Controls 0151
Recovery Point Objective 0103, 0822, 1207, 1236
Recovery Time Objective 0100, 1207, 1236
REST 1466
REX 1281
RFID 0902
RFP 1149, 1484
RID 0908
Rijndael 0481, 0488, 0490
Rings of Protection 1250
RIP 0642
RIPEMD-160 0562
Risk 0118, 0137, 0195, 1474

Risk Acceptance　0139
Risk Avoidance　0138
Risk Mitigation　0139, 0272
Risk Transfer　0138
rlogin　0784
RMF　0202, 1470
Root Cause Analysis　1172
RPC　0661
RPO　0103, 0822, 1207, 1236
RSA　0479, 0497, 0555, 0719
rsh　0784
RSVP-TE　0690
RTO　0100, 1207, 1236
RUM　1045

S

SA　0778
SaaS　0217, 0218, 0460
SABSAフレームワーク　0382, 0400
SAFE　0132
SAFER　0493
SAML　0505, 0933
SAN　1217
SAS 70　1074
SASE　0649
SAST　1188
SCADA　0519, 0673
SCAP　0326
SCIF　0592
SDDC　0820
SDLC（Software Development Life Cycle）　0207, 1475
SDLC（Systems Development Life Cycle）　1327
SDN　0816
――アプリケーション　0818
――コントローラー　0818
――データパス　0819
SDS　0820
SDSL　0811
Security Council　0030
Security Target　0406
SEIM（Security Event and Incident Management）　0674, 0845, 0848
SEIM（Security Event Information Management）　0379, 1169
SEM　0845, 0848
Separation of Duties　0112, 0541, 1141, 1143
Service Organization Control　1074
SFTP　0668
SHA　0555, 0561
SHA-1　0561
SHA-3　0562
Shoulder Surfing　0997, 1420
SID　0908
SIEM　0952, 1037, 1107, 1120
Single Loss Expectancy　0132
Single Point of Failure　0096, 0438
SIP　0693, 0695
SLA　0218, 0222, 1148
SLC　1327
SLE　0132
SLR　0220
S/MIME　0728
S/MIME証明書　0726
SMTP　0666
Smurf攻撃　0853
SNMP　0782
SOA　0431
SOC（Security Operation Center）　1121
SOC（Service Organization Control）　1074
SOCKS　0801
SOCレポート　1074
SOD　0112
Software as a Service　0217, 0460
SOMAP　0126
Something You Are　0936
Something You Have　0724, 0936
Something You Know　0724, 0936
SONET　0810
SP
――800-14　0354
――800-27　0355
――800-30　0124, 0132, 0134
――800-37　0202, 0319, 1470
――800-39　0124, 0522
――800-53　0040, 0319, 0523, 1069
――800-60　0285, 0320, 1147
――800-66　0124
――800-82　0523
――800-86　1100
――800-92　1472
――800-124　0435
――800-137　1070, 1472
――800シリーズ　0319

SPIM 0775
SPOF 0096, 0438
SPネットワーク 0465
SQL 1352
SQLインジェクション 0510, 0905, 0992
SSH 0801
SSIDの欠陥 0709
SSL 0727, 0802
——VPN 0802
SSO 0378, 0921
ST 0406
Standard Annual Frequency Estimate 0132
STP 0752
SVC 0795
SwA 1483
SWGDE 1097, 1100
SYN-ACK攻撃 0860
SYNスキャン 0864
SYNフラッド攻撃 0859
SysML 0400

T

Target of Evaluation 0406
TCB 0404, 0416, 1433
TCP 0646, 0656
TCP/IPモデル 0638, 0652
TCPシーケンス番号攻撃 0842
TCPハーフスキャン 0864
TCSEC 0388, 0403
TDMA 0705
Teardrop攻撃 0852
Technical Controls 0152, 0169
Telnet 0783
TEMPEST 0427
Tesla 1466
TFTP 0670
TGS 0926
TGT 0926
Threat 0134
Time of Check/Time of Use 0428, 1365, 1407
TKIP攻撃 0710
TLD 0662
TLS 0802, 1468
TOC/TOU 0428, 1365, 1407
TOC/TOU攻撃 1446
ToE 0406
TOGAF 0382
TP 0752
TPM 0421, 0941, 0972, 1465
traceroute 0660
Trojan 1419
Twofish 0494
Tキャリア 0808

U

UDP 0646, 0656
UL 1276
UML 0400
Uncertainty 0195
UPS 0442, 0595, 1216
USGCB 0313
UTM 1168
UTP 0752

V

VaR 0128
VCDB 0070
VDSL 0811
VERIS 0069
Vigenère暗号 0475
Virtual Machine 0422, 0821
Virtual SAN 0824
VLAN 0802
——ホッピング 0803
VM 0422, 0821
VNTS 0785
VOFDM 0705
VoIP 0692, 0694
von Neumannアーキテクチャー 1383
VPLS 0692
VPN 0776
IPSec—— 0802
SSL—— 0802
vSwitch 0829
Vulnerability 0132
Vモデル 0352

W

Web of Trust 0713
Webアクセス管理 0930
Webアプリケーションの脅威 1375
Webプロキシー 0761, 1038
Webレピュテーション 1430
WEP 0707

——の脆弱性　0709
Wi-Fi　0701
WiMAX　0701
WPA　0707
WPA2　0707

X

X9.17　0541
X.25　0812
X.400　0920
X.500　0662, 0918
X.509　0535, 0730
X.800シリーズ　0323
X.1205　0323
XKMS　0537
XMASスキャン　0842
XML　0504, 1356
XML暗号　0537
XMLデジタル署名　0537
XMPP　0770
XOR　0467
XSS攻撃　1404

Z

Zachmanフレームワーク　0381

編者紹介

Adam Gordon－リードエディター

CISSP, CISA, CRISC, CHFI, CEH, SCNA, VCP, VCIを含む数多くのプロフェッショナルIT資格を取得．Florida International University（フロリダ国際大学）国際政治学部で国際関係学士号と修士号を取得．最高情報セキュリティ責任者，最高テクニカル責任者，コンサルタント，ソリューションアーキテクトなど，プロフェッショナルなキャリアの中で数々の職位を歴任．複数の顧客プログラムチームを含む多くの大規模プロジェクトに取り組んでいる．

Microsoft社（マイクロソフト），Citrix Systems社（シトリックス・システムズ），Lloyds Bank TSB社（ロイズTSB銀行），Campus Management社（キャンパス・マネジメント），U.S. Southern Command（アメリカ南方軍；略称SOUTHCOM），Amadeus社（アマデウス），World Fuel Services社（ワールド・フュエル・サービシズ），Seaboard Marine社（シーボード・マリン）などの企業のプロジェクトをリード．

Javvad Malik－リードテクニカルエディター

451エンタープライズ・セキュリティ・プラクティスのシニアアナリストであり，エンタープライズセキュリティと新たなトレンドの状況について，綿密かつタイムリーな視点を提供している．451 Research社（451リサーチ）に入社する前は，独立系のセキュリティコンサルタントを務め，世界的大企業において12年以上にわたり幅広いキャリアを持つ．

ブロガー，イベントスピーカーとしても知られており，技術者および非技術者双方の聴衆に，セキュリティに関するホットな話題をクリアな視点で話すことができる人物との定評があり，オンラインメディアのみならず，印刷メディアでも連載を持つ．*The Cloud Security Rules*の共著者．$(ISC)^2$財団のセーフ・アンド・セキュア・オンライン・イニシアチブのボランティアメンバー．セキュリティ・Bサイド・ロンドン・カンファレンスの創設者．2010年，*SC Magazine*のブロガー・オブ・ザ・イヤーのファイナリスト．2013年，RSAソーシャル・セキュリティ・ブロガー賞およびヨーロッパ・セキュリティ・ブロガー賞を受賞．

Webサイト：www.J4vv4D.com

Twitter：@J4vv4D

Steven Hernandez－テクニカルエディター

MBA，HCISPP，CISSP，CSSLP，SSCP，CAP，CISA，米国連邦政府（ワシントンDC）最高情報セキュリティ責任者．国際的な医療，重工業，大手金融機関，教育機関，政府機関など，様々な分野で17年以上の情報保証経験を持つ．California State University（カリフォルニア州立大学）サン・バーナディーノ校名誉教授．Idaho State University（アイダホ州立大学）国立情報保証研修センター教授．学術的な活動を通じて，過去10年間，リスクマネジメント，情報セキュリティ投資，プライバシー管理など，多数の情報セキュリティトピックに関する講演を行ってきた．$(ISC)^2$の資格に加え，システムセキュリティから組織のリスクマネジメントに至るまで，6つの米国国家安全システム委員会の認証を取得．$(ISC)^2$の政府諮問委員会，エグゼクティブ・ライターズ・ビューローに参加．

▶ 監訳者紹介

笠原久嗣, CISSP（NTTアドバンステクノロジ株式会社）

1979年日本電信電話公社（現NTT）入社．研究所勤務を経て，1999年NTTコミュニケーションズ株式会社ソリューション事業部統括担当部長．2001年プラットフォーム技術開発部長，2005年プラットフォームサービス部長を歴任し，法人向け情報セキュリティサービス事業の立ち上げに従事．日本ベリサイン株式会社 社外取締役．米国（ISC）²との協業により2003年からCISSPセキュリティプロフェッショナル資格制度の国内展開を推進．その後，2009～2015年NTTエレクトロニクス株式会社 取締役，2017年4月NTTアドバンステクノロジ株式会社顧問＆フェローに就任，現在に至る．2004年3月CISSP取得．

井上吉隆, CISSP（NTTセキュアプラットフォーム研究所）

1997年日本電信電話株式会社入社．2003年からNTT情報流通プラットフォーム研究所にてNTT-CERTの立ち上げに従事．その後，2008～2016年NTTスマートコネクト株式会社にてコンテンツ配信サービス・パブリッククラウドサービスの設計・構築・運用に従事し，2016年7月よりNTTセキュアプラットフォーム研究所勤務，主任研究員，現在に至る．2004年10月CISSP取得．

桑名栄二, CISSP（NTTアドバンステクノロジ株式会社）

1984年日本電信電話公社（現NTT）入社．研究所勤務を経て，2001年NTTブロードバンドイニシアティブ株式会社システム技術部担当部長，2004年NTTレゾナント株式会社サービス運営部担当部長，2007年NTTコミュニケーションズ株式会社 法人事業本部システムエンジニアリング部ネットワークソリューション部門長を歴任．2010年NTT情報流通プラットフォーム研究所長，2012年NTTセキュアプラットフォーム研究所長，2013年NTT Innovation Institute, Inc. COO，2015年NTT先端技術総合研究所長を歴任．その後，2016年NTTアドバンステクノロジ株式会社 取締役，CISOに就任．2017年同社取締役，セキュリティ事業本部長，現在に至る．博士（工学）．2018年CISSP取得．

▶ 翻訳者紹介

大河内智秀, CISSP（三井物産セキュアディレクション株式会社／東京電機大学）
★1章担当・全章翻訳ディレクター

河野省二, CISSP（日本マイクロソフト株式会社）★7章担当

河野隆志, CISSP（三井物産セキュアディレクション株式会社）
★2章・3章・5章担当

小熊慶一郎, CISSP（株式会社KBIZ／（ISC）² Japan）
★前付け・4章・8章・付録A担当

小村誠一, CISSP（NTTアドバンステクノロジ株式会社）★6章担当

伊藤優子（伊藤忠テクノソリューションズ株式会社）★7章翻訳アシスト

戸崎辰雄（三井物産セキュアディレクション株式会社）★1章翻訳アシスト

新版 CISSP® CBK® 公式ガイドブック【4巻】

2018年7月31日 初版第1刷発行
2023年4月12日 初版第7刷発行

編者 Adam Gordon
監訳 笠原 久嗣・井上 吉隆・桑名 栄二

発行者 東 明彦
発行所 NTT出版株式会社
〒108-0023
東京都港区芝浦3-4-1 グランパークタワー
営業担当 TEL 03(6809)4891
FAX 03(6809)4101
編集担当 TEL 03(6809)3276
https://www.nttpub.co.jp

制作協力 有限会社イー・コラボ
デザイン 米谷 豪（一部アイコン：©Varijanta／iStockphoto）
印刷・製本 中央精版印刷株式会社

ISBN 978-4-7571-0376-4 C3055

定価はカバーに表示してあります
乱丁・落丁はお取り替えいたします